变电站继电保护“运检合一”培训教材

主　编　傅　进

副主编　许路广　汤晓石　周　刚

中国电力出版社
CHINA ELECTRIC POWER PRESS

内容提要

本书介绍了供电企业继电保护从组织、班组及个人三个层面的“运检合一”实施过程以及实施继电保护“运检合一”后，相关业务开展的流程、方法和典型案例。变电站继电保护“运检合一”实用技术内容多、范围广，包括继电保护系统基建、技改、消缺、日常运行维护等。

全书内容共分五章，第一、二章介绍了继电保护基础知识；第三、四章详细介绍常规变电站和智能变电站的日常维护巡视、倒闸操作、保护校验、消缺和验收环节相关专业知识；第五章分析了典型继电保护“运检合一”案例。

本书立足于变电站继电保护工程和业务实际，从应用的角度进行论述和说明，具有较强的实用性和指导性。可供电力系统变电专业技术人员、相关管理人员学习、参考，还可作为其他兄弟单位开展“运检合一”业务模式的参考与借鉴。

图书在版编目（CIP）数据

变电站继电保护“运检合一”培训教材 / 傅进主编．—北京：中国电力出版社，2019.11（2022.5 重印）
ISBN 978-7-5198-3733-4

Ⅰ.①变… Ⅱ.①傅… Ⅲ.①变电所–继电保护–技术培训–教材 Ⅳ.①TM77

中国版本图书馆 CIP 数据核字（2019）第 203570 号

出版发行：中国电力出版社
地　　址：北京市东城区北京站西街 19 号（邮政编码 100005）
网　　址：http://www.cepp.sgcc.com.cn
责任编辑：邓慧都（010-63412636）
责任校对：黄　蓓　马　宁
装帧设计：张俊霞
责任印制：石　雷

印　　刷：北京天宇星印刷厂
版　　次：2019 年 11 月第一版
印　　次：2022 年 5 月北京第二次印刷
开　　本：787 毫米×1092 毫米　16 开本
印　　张：10
字　　数：225 千字
定　　价：45.00 元

版权专有　侵权必究

本书如有印装质量问题，我社营销中心负责退换

编 委 会

主　任　陈　嵘

副主任　殷伟斌

委　员　徐冬生　丁一岷　韩中杰　钱国良　张　盛

　　　　张志芳　张建虹　金山红　邹剑锋　仇群辉

　　　　易　妍　陈亦平　金　海　王　岩　高惠新

编 写 组

主　　编　傅　进

副 主 编　许路广　汤晓石　周　刚

参编人员　盛鹏飞　费丽强　刘　彬　卢思瑶　王海波

　　　　　周　健　江政昕　邓文雄　申志成　胡　晟

　　　　　江伟建　金　盛　范　明　周富强　吴立文

　　　　　丁建中　陈全观　蒋　政　孙　峰　沈熙辰

　　　　　王　聃　周　冰　季曙明　杨　林　倪振强

　　　　　王洪俭　朱成亮　陆明中

前　言

继电保护是电网安全运行的第一道防线，是电网的守护，电力系统的迅速发展对继电保护不断提出新的要求。而常规运维、检修专业工作模式相关问题日益凸显，“运检合一”作为变电专业提质增效的有效途径将对变电专业业务模式产生深远影响。本书是国网浙江省电力有限公司嘉兴供电公司（简称嘉兴公司）在实施变电“运检合一”改革过程中的经验总结及智慧结晶，介绍嘉兴公司继电保护从组织、班组及个人三个层面的“运检合一”实施过程以及实施继电保护“运检合一”后，相关业务开展的流程、方法和典型案例分析。

继电保护“运检合一”实用技术内容多、范围广，包括变电站继电保护系统基建、技改、消缺、日常运行维护等内容。本书立足于变电站继电保护工程和业务实际，从应用的角度进行论述和说明，具有较强的实用性和指导性。全书分为五章，第一、二章介绍继电保护基础知识；第三章和第四章详细介绍常规变电站和智能变电站的日常维护巡视、倒闸操作、保护校验、消缺和验收环节相关专业知识；第五章介绍典型继电保护“运检合一”案例分析。供电企业通过课堂讲授、员工自学、多媒体技术教学、变电站现场实践和操作等学习方式，使员工树立继电保护“运检合一”是大势所趋的观念，并了解和掌握继电保护工作的基本技能；了解继电保护概念、基本要求和配置原则；掌握“运检合一”模式下常规变电站继电保护运维检修知识，并在各类型保护的配置、日常运维、巡视、倒闸操作、校验、保护异常处理和验收等方面得到训练；掌握“运检合一”模式下智能变电站继电保护运维、巡视、倒闸操作、异常处理、各类型的保护调试及验收理论和实操知识；借鉴典型继电保护“运检合一”实例加以学习，为今后从事电力企业变电站运维检修一体工作奠定理论和实践基础。

本书适用于电力系统变电专业技术人员、相关管理人员，可帮助其加快对“运检合一”工作模式的理解和应用，同时具有较强的理论及现场应用价值，可快速提高继电保护专业人员运检技能；本书还可以作为其他兄弟单位开展“运检合一”业务模式的参考与借鉴。本书由具有丰富现场经验的专家技术人员及丰富培训教学经验的专业培训师编写，在编写过程中，得到了国家电网有限公司相关单位及人员的大力支持，在此一并致以衷心的感谢！

由于编者水平、能力所限，书中仍有诸多不足之处，恳请读者对本书的错误和不当之处提出批评和指正。

编　者

2019 年 9 月

目　录

第一章

概　　述

第一节 “运检合一”的背景

一、基本情况

根据国家电网有限公司发展规划，“十三五”期间电网设备规模仍将快速发展，2016—2020年国家电网有限公司将新增110kV及以上线路40.1万km（较“十二五”末增长45%）、变电容量24.7亿kVA（较“十二五”末增长68%）；新增35kV及以下配电线路79.7万km（较“十二五”末增长21%）、配变容量2.93亿kVA（较“十二五”末增长28%）；建成特高压交直流骨干网架。面对国家电网有限公司电网设备规模快速增长，外部环境更加复杂的发展趋势，在运检人员数量无法同步增长的情况下，积极探索运检组织模式变革，提升人员素质，提高技术水平，是运检专业发展的必由之路。

在“十九”大明确了“新时代、新征程、新任务”的新形势下，国家电网有限公司强调“以安全质量效率效益为中心”建设国际一流能源互联网企业目标指引下，为进一步提升电网设备运行水平，提高运维检修效率效益，实现变电运维与变电检修专业融合，即实施变电“运检合一”模式已经成为必然趋势。“运检合一”创新改革模式能够优化再造运检业务，实现变电运检“安全、优质、高效”的运检管理模式，更好地支撑国家电网有限公司国际一流现代能源互联网企业的建设。

传统优化模式运维一体，一定程度上提高了生产效益，但受限于组织关系、个人技能要求等原因，在人员潜力挖掘和不同专业调配方面不充分，进一步释放人力资源“红利”需要更大的突破。而“运检合一”，打破原先运维、检修两个专业在两个部门的生产关系，并为充分释放人力资源的生产力创造了条件。“运检合一”是对运维一体的发展和创新。

嘉兴公司根据国家电网有限公司及国网浙江省电力有限公司相关要求，结合嘉兴公司运检业务现状，从组织、班组、个人三个层面，经过调研、探索、实践、优化等过程，走出了一条“节能增效”的“运检合一”之路。

二、目前运检体系存在的问题

（一）电网设备增长与人力资源矛盾日趋突出

近年来，嘉兴公司电网设备规模快速增长与运检人员配置相对稳定的矛盾日益突出，随着站点增多，业务周期性过载，人员需求呈上升趋势，出现整体性、结构性缺员，个人生产力挖掘潜力也存在不足，而且不利于专业核心能力和队伍建设。其次，检修班组年龄结构及后续力量配比不平衡，大量的检修及消缺工作开展已不能胜任日益增长的变电设备规模；同时运维人员的结构性缺员较为严重，致使运维业务的高质、高效开展无法实现。改变此局面，一方面打通运维、检修专业管理隔阂，在业务上、人员上打通；另一方面要建立一支专业化检修队伍，做大检修业务承载能力，支撑主业检修业务的实施。

（二）运维、检修业务的进一步集约化和扁平化推进受限

原有运维、检修业务分属两个不同单位管辖，运维、检修业务对生产资源的使用存在利用效率不高、人财物集约程度不够等问题；运维、检修两个专业的问题协调需上升至上级管理部门，存在扁平化程度不足等问题。要推进集约化、扁平化，一方面要将运维、检修两个专业合并至同一单位，通过实施运检一体项目提高资源利用集约化水平，通过运维、检修协同工作提高扁平化程度；另一方面对原有运检部、调控中心专业管理进行调整，建立基于智能运检的生产指挥体系，进一步提高管理集约化、扁平化水平。

（三）运维、检修职责分离带来的问题

1. 效率效益损耗

传统的变电运维、检修两个专业分属变电运维室、变电检修室管辖，检修、运维业务开展独立运作。各检修班需要承担起全部嘉兴公司市级变电站及县域变电站职责范围的检修业务；各集控站运维班管辖职责范围的220kV变电站及110kV变电站。运维检修压力分散，较难集中到某个单位促使其内部主动完善、提升，影响运维检修质量的全面管控。同时，造成了设备运检的业务链条过长的问题，造成运检管理工作中组织上的效率和效益损耗。传统的运维、检修专业过于明确的职责界限下形成的原发性壁垒，也不利于运维一体化和运检一体化业务的推进，有限的电网运维与检修资源效能，得不到有效利用。

2. 现场设备状态管理的不足

传统的设备状态管理，分散在运维和检修两个单位，客观上造成责任不集中、状态管控不全面、统筹程度不够等问题，现场巡视人员对设备状态的管理仅停留在表面，对缺陷、隐患等状态的深度分析不足。检修业务统包，精力分散，难以在状态管理上充分发挥专业优势。此消彼长下，客观上造成责任不集中、状态管控不全面、统筹程度不够

等问题，易形成设备状态管理真空，埋下隐患。

3. 个人潜能发挥不均衡不充分

当前新进运维人员学历、素质普遍较高，但由于从事运维业务的局限性，存在“技能吃不饱”的境况，对员工个人潜能的挖掘受限，而原设备主人[1]工作仍以运维人员为主体，受限于专业纵深，在独立客观的开展工作方面有先天局限性，本质上仍是“二元”设备主人。检修高峰时设备主人团队内部支援的机会较少，导致设备主人工作很多环节由一两人肩负，而综检现场往往“点多面广周期长”，最终设备主人对工程的管控较碎片化，且综合管理能力提升较慢，不利于青年员工的成长和成才。

（四）运检管理体系优化的客观需求

在社会城市化不断发展的进程中，电网的供电可靠性要求不断增加，在分配人员总体不增加的基调下，如何适应未来电网运检需求的发展，是亟须研究和实践的课题。一是如何通过设备主人的运作提升设备本质安全水平。二是如何进一步挖掘县公司运检管理的潜力，实施设备运检管理“包干到户”，推进“地县一体”。三是如何进一步增强运检业务的管控能力和穿透能力。运检体系优化调整，需围绕以上运检专业发展的客观需求。

三、“运检合一”实施的必要性

传统的运检模式和管理方式将越来越难以适应电网发展和体制变革的需求，迫切需要创新运检管理模式，提高管理效率和效益，提升各专业协同能力及服务资源利用效率。通过“运检合一”，对生产关系调整，将变电检修、运维两专业纳入同一个部门管理，在部门内部对增量（新进人员）改变，对存量（运维、继电保护检修人员）优化，对个人技能提升，释放人员效率和生产力，能较好地处理以上矛盾。

实施“运检合一”，在组织层面（生产关系调整）、个人技能层面（生产力突破）进行改革，能较好处理当前运检专业碰到的主要问题，进一步释放改革“红利”，促进安全质量效率效益提升，符合国家电网有限公司和国网浙江电力要求，因此必要性很强。

第二节 继电保护“运检合一”的实施过程

继电保护“运检合一”是指对变电运维、继电保护两个专业的生产资源重组优化，通过调整优化原有运维、检修管理模式，创建一种变电运维检修新模式，即构建以“统一运维检修设备主人”为核心的“运检合一”新体系，以实现运检专业“安全质量效率效益”为目标、“设备本质安全”为核心的综合效能提升。

继电保护“运检合一”是嘉兴公司在深入分析当前安全生产形势下，深挖内部潜能，提升生产效率效益的必然选择。国家电网有限公司也高度肯定继电保护“运检合一”工

[1] 对变电站设备进行管控，对其投运、缺陷处理、退役等进行全程跟踪。

作，要求在工作推进过程中要以稳为主，确保生产不乱、队伍不乱，相关部门和单位全力支撑配合，在推进过程中坚持"安全第一""先立后破"，确保平稳有序地推进。嘉兴公司在国家电网有限公司及国网浙江省电力有限公司指导下，结合内部实际情况，从实施要求、实施理念及实施途径三个步骤，稳步实现继电保护"运检合一"。

一、实施要求

具体要求包括：一是严格把关过渡阶段安全生产工作，新的管理要求或规章制度未发布前，不对运维和巡视、倒闸操作、异常处理、各类型的保护调试及验收等业务流程进行调整。二是加强管理层能力培养和融合，尤其是技术组人员统筹能力培养，加强现场安全管控，确保现场操作安全。三是确保重组过程中生产队伍稳定，要及时了解班组人员思想动态并做好安抚，处理好由于运维和检修不同思维造成的工作习惯差异。四是积极谋划后续"运检合一"深化工作，针对运维站点优化、值班模式优化、智能运检体系建设、设备主人、大二次班组优化等工作，着手制订操作方案。五是注重个人层面"运检合一"能力建设，要为培养"一岗多能"高技能人才做好专业融合方案，养成综合型管理人才，促进"运检合一"的持续深入推进。六是各县（市）公司要充分认识变电"运检合一"的深刻内涵，重点做好本单位"运检合一"方案编制，为逐步下放 110kV 检修业务，推进县公司层面"运检合一"打好基础。

二、实施理念

实施理念概括为三点，具体为：

（1）一个核心（统一"二元"设备主人）。对运维、检修设备主人单位统一，实现了继电保护设备状态管理在单位层面的统一。

（2）一个中枢（生产指挥管控体系）。生产指挥中心的运作，融合在日常生产业务中，强化继电保护专业管理过程管控、设备状态管理和生产业务指挥。

（3）三个层面（组织层面、班组层面、个人层面推进）。组织层面达到两个目的：一是"二元"设备主人统一到一个运检单位，即将运行和检修两个单位完成的任务，统筹至一个单位内两个班组实现；二是实现全电压等级序列统一（地县统一）。

班组层面和个人层面达到三个目的：一是运检专业"全科化"；二是检修专业"专科化"；三是个人运检融合，即部分人员同时具备运维和检修两种技能。

组织层面、班组层面和个人层面发展的程度，决定了变电"运检合一"的实施深度。理念图如图 1－1 所示。

三、实施途径

一是通过运检班的运作，做强"运检合一"设备主人，发挥新型设备主人优势。"运检合一"设备主人与原设备主人对比见表 1－1。

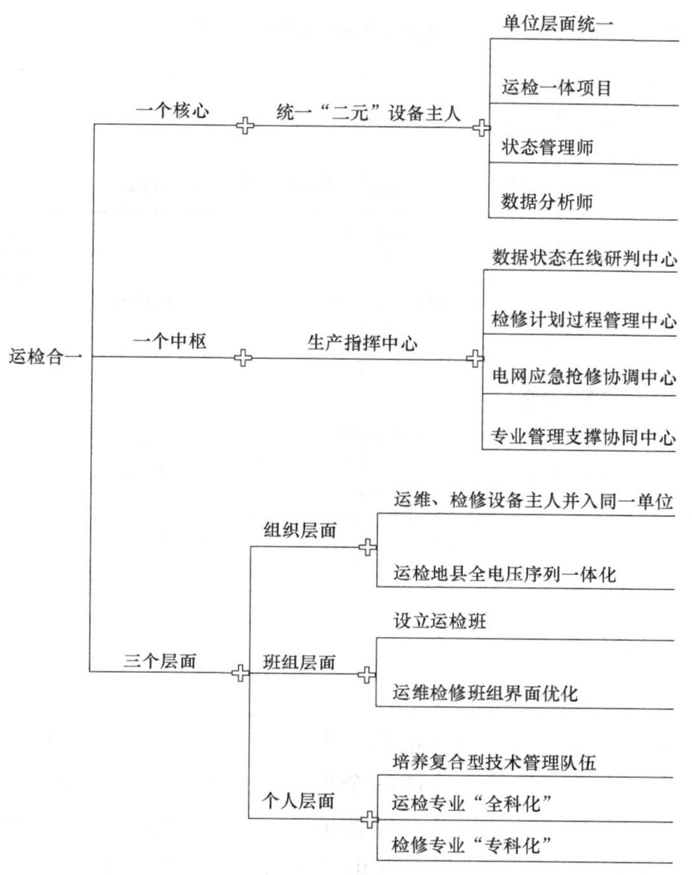

图1－1 运检合一“一个核心、一个中枢、三个层面”主要理念图

表1－1　“运检合一”设备主人与原设备主人对比

设备主人对比	运维设备主人	检修设备主人	“运检合一”设备主人
优势	1. 分布在运维站，贴近设备 2. 管辖站点相对固定 3. 变电站包干至运维主人	1. 设备检修技术技能相对全面 2. 设备缺陷、隐患分析相对更深入	1. 具备较全面的设备运维、检修专业技术技能 2. 分布在各运维站，贴近设备 3. 更全面、细致地管理设备状态 4. 更全面、细致地监管检修质量 5. 实施“运检一体”项目，相同的工作，更少人实施
弱项	1. 检修技术技能和经验相对不足 2. 专业面相对局限 3. 个人潜能得不到充分发挥	1. 管辖站点过多 2. 检修业务大、小统包，专业化不够突出	1. 对个人综合技术技能要求更高 2. 对运维、检修、运检三个专业的关系要合理处理
评估	在统一了“二元”设备主人单位的基础上，做强“运检合一”设备主人，对设备状态管理、运检效率效益、个人技术技能提升都起到很好的作用		

二是通过生产指挥体系优化，建立基于智能运检生产指挥中心，发挥设备运检业务管控、状态管理、应急处置优势。

三是组织、班组、个人层面，全电压等级序列“运检合一”，变电运检班“做强、做宽”，继电保护检修班组“做精、做专”，个人业务一岗多能、专业融合。“运检合一”新模式与传统运检模式的对比见表1-2。

表1-2　“运检合一”新模式与传统运检模式的对比

模式对比	运维、检修分离模式	“运维一体”模式	“运检合一”模式
优势	1. 业务模式相对成熟 2. 管理体系相对完备	1. 缓解部分检修承载力 2. 运维人员潜能得到一定释放	1. 统一运维、检修“二元”职责至一个运检单位 2. 运维、检修两者业务和人员达到互通 3. 提升个人和组织效率效益
弱项	1. 设备状态管理职责分离 2. 运维人员潜能发挥不充分 3. 运维检修协调效率损耗	1. 状态管理职责依旧分离 2. 实施项目有限 3. 运维检修专业间通道依旧不畅	1. 工区运检管理和个人技术技能要求更高 2. 运检一体项目稳步推进，由少到多、由易到难
评估	将运维、检修两个专业统一纳入同一个单位管理，设备运维、检修主人统一至同一个单位，有利于设备状态的全面管理，有利于提高运维、检修两个专业的业务扁平化和协同发挥的效能		

（一）组织层面上

1. 成立变电运检室

原独立的变电运维室、检修室体量均较大，若简单合一，造成机构过于庞大、管理人员冗余、管理难度加大。优化整合成两个平行运检单位，既减轻管理压力，又利于两个单位相互对标、良性互动。基于此，宜按地理区域均衡划分，并充分考虑抢修时间、抢修路程等因素。同时，在人员规模、变电站数量上，均达到均衡。

2. 成立输变电检修中心

分解检修业务，支撑主业。依托电建公司，在原有承担一定检修业务的基础上，实体化组建成立输变电检修中心，按检修体系搭建新的组织架构，强化生产理念导入，做强检修中心，支撑主业检修业务的实施。检修中心业务定位：是全市变电设备运检主人单位的检修业务实施支撑机构。重点承担二次设备大型技改、大修、例行检修等业务。检修中心人员构成为主体组织架构依托电建公司，新设立运维检修科，人员通过企业“自聘”解决一部分来源，核心业务骨干通过主业输送一部分，专业包括二次及站用电检修、电缆检修等。

3. 实施“地县一体”110kV检修管理职责调整

（1）“地县一体”全电压序列“运检合一”。将市公司县域110kV站的检修管理职责调整至县公司。检修职责范围调整：各县公司相比之前管辖的站内10～35kV设备运检、110kV设备运维的职责，增加了110kV一、二次设备检修管理。相应职责包括：110kV设备的状态评估、检修决策、应急抢修、大修技改项目需求、综合检修现场质量管控、检修评价分析、设备管理职责等。

（2）积极筹备。主网检修管理人才培养：县公司主网检修管理人才可能相对匮乏，市公司运检部应积极组织培训，重点培训运检技术、管理流程、现场检修调试等工作。

实施过程的几个原则：设备检修、运维主人全部下放到县公司，设备的运检责任同步下放到县公司；按资产归属，设备大修项目列市公司运检部；设一年过渡期，市公司各检修单位对疑难缺陷、大型应急抢修提供支援；县公司逐步培养检修力量，具备独立组织开展“C检”条件，但主体业务量实施由检修中心负责实施。

4. 生产指挥中心“强业务、优流程”

（1）明确指挥中心定位。做强：二次设备状态管控、分析与运检业务过程管控。做优：生产信息响应与处置流程（包括缺陷、计划执行等）。落实指挥中心的“四个中心”职能定位，即设备状态在线研判中心、检修计划过程管控中心、电网应急抢修协调中心、专业管理支撑协同中心。

（2）明确生产指挥中心主要业务。包括“设备状态管理、检修计划管理、应急抢修指挥、运检专业协同”四个方面。

（3）确立智能运检技术应用支撑。依托一个智能运检管控平台，立足机器人、工业视频、移动作业、一键顺控等 N 个智能运检技术，统筹推进实用化工作，促进设备状态的精益化管控，促进运检管理的效率提升。

（4）融入现有生产体系。指挥中心固定人员 3 人，轮岗人员 5 人。生产业务嵌入日常生产流程，24h 实体化运作。生产指挥中心的业务运作，是对二次生产业务体系管理的“强化”和“优化”，进一步增强设备状态管控力、专业分析穿透力、应急处置指挥力。

（二）班组及个人层面上

1.“运检”融合，成立“大二次”运检班，定位于“专科医生”

按新运检专业的“全科化”定位，承担“运检一体”项目。主要包括继电保护、自动化、直流、所用电等设备的 A/B/C 级检修、疑难缺陷、应急抢修任务。新模式充分利用“运检合一”的优势，整个工作周期中，运维提前介入，继电保护专业把关，发挥运维、二次检修各自专业特点，优势互补形成合力，优化验收流程。在“三遥”“防误闭锁”“保护调试”等项目验收中，实现验收“运检合一”，将需要两次操作的验收项目合并为一次性完成或者运维、二次检修共同组成小组完成，压缩业务链条，提升工作效率效益。与此同时，通过专业融合，实现个人综合技能提升，释放人力资源，提高工作效率，进一步解放劳动生产力。

此外，新模式要求统一规范标准化作业。首先统一运维与二次检修工作票格式、内容等要求和习惯，消除由于专业视角和个人习惯不同带来的工作票管理差异。其次梳理二种工作票业务，针对不涉及运行操作、安全风险低的继电保护工作，分析研究推广电话许可制的可行性，释放运维、二次检修人员和车辆的使用效率。

新成立的变电运检室重新编写《生产应急抢修细则》，明确应急抢修工作的处置按照“统一指挥，专业负责、班组实施”的原则开展，抢修信息按“统一口径、专业审核，条线对应”的原则进行发布。明确“运维人员到达现场后，应立即检查继电保护设备跳闸或异常等情况，并将信息汇报至缺陷专责。在继电保护检修人员未到达现场前应尽量做好抢修准备工作，收集现场照片发布至生产信息群，打开事故现场照明，打印故障录波报告，准备好安全工器具、安全措施设施。然后，检修人员有针对性地携带试验设备和备品备件前往现场，缩短故障处理时间”的要求。

2.“运”融“检”

选择原运维站的年轻员工，开展“一岗多能”培训，着重培养“运维+继电保护”岗位人才。通过进行继电保护设备检修知识、技能的培训和培养，包括故障分析、整定计算、设备调试、管理流程等，使员工具备一定的继电保护设备知识、状态分析、检修技能技术，从事现场继电保护设备状态分析、管理和运检一体项目的实施。结合“运检合一”新模式，进一步深化专业培训内涵，打造开放式专题培训，为青年员工提供开拓视野和沟通交流的平台，探索全面提升青工核心技能的有效途径。基于此，鼓励青年员工根据个人意愿和组织意向，选择第二专业技能，并取得第二岗位资格证，为运检一体工作项目的开展保驾护航。

3.“检”融“运”

选择原检修班组继电保护检修人员，结合县公司主网检修业务下放，重点做好“运检合一”培训，通过对运维知识、运维技术技能的培训，对大二次知识体系和技术技能的培训，带动运检班检修力量的成长，从事运检一体项目实施和设备状态分析、管理。

四、继电保护“运检合一”的工程应用

常规变电站二次工作中各类型保护日常运维及巡视、倒闸操作由运维部门负责，校验、保护异常处理由检修部门负责，验收工作两部门分别负责。但在实际工作中，变电运维和变电检修两者之间有着紧密的联系。“运检合一”新模式下的继电保护工作将两专业有机融合。通过变电站智能机器人、工业化视频、智能辅助控制系统等一系列科技化手段，把运维和检修人员解放出来，拿出更多的精力和时间去参与第二专业工作。首先对运维人员和检修人员进行理论培训，在掌握一定的理论基础后，再进行实际操作培训。在强化本岗位技术技能的同时，开展针对性的技能拓展培训。实现运维人员掌握继电保护日常故障消缺、C检等技能，检修人员掌握运行操作、应急处置等技能。

变压器、线路、母线等保护的日常运维、巡视及倒闸操作实行检修配操模式。在综合检修工程中，班组采用结合现场实际操作开展班内二次检修人员倒闸操作培训的方法，如在进行110kV副母线复役操作的过程中，发现变压器110kV中性点接地闸刀无法正常操作等问题，运维人员和继电保护检修人员共同现场翻阅图纸，排查故障，发现闸刀控制回路中存在端子松动的症结，大家共同进行故障处理，顺利完成复役操作。各类型保护的定期校验、异常处理和验收工作，检修、运维班组协同合作。倒闸操作结束后，检修人员协助运维人员依据工作票所列安全措施布置完成安全措施后，向工作负责人进行状态交接并许可工作票。工作票许可完成后，变电运维人员作为二次检修工作班成员参与相关保护设备调试工作。工作结束后，变电运维人员又作为操作人员对相关设备进行复役操作。在设备异常处理工作中，一次、二次、运维班组通力协作，专业之间密切配合，用最短的时间找到缺陷的根源，解决问题，恢复供电。验收工程中，检修和运维人员共同完成常规站的各类型保护验收及智能站的资料、公用部分、二次回路、过程层设

备、间隔层设备验收的工作，验收视角更全面，避免重复作业。生产指挥中心在全部工作环节的重要节点发挥协作和管控的作用。

目前，国内已经有很多供电公司基于“运检合一”新模式开展继电保护工作，并且都实现减员增效，可以预见“运检合一”工作在继电保护专业中的应用会越来越深入，越来越广泛。

第三节 继电保护“运检合一”的优点

继电保护实施“运检合一”需优化继电保护检修班组配置，建立面向继电保护设备的专业检修队伍。嘉兴公司从组织机构、运检协同、队伍管理、绩效薪酬、培训竞赛等方面，理顺内部管理机制，挖掘人力资源潜力，提升设备本质安全。继电保护“运检合一”在实施成效上主要体现在以下五个方面。

一、设备状态管控力增强

（1）设备状态管控主人意识更强。通过运检人员共同全过程管控大型继电保护工程、深度参与综合检修、督导跟踪缺陷处理、参加迎峰度夏专题培训等工作，运维、继电保护检修人员专业技能逐渐融合，双方设备主人责任意识不断加强。例如，变电设备主人和继电保护检修人员相互配合，强化变电设备全寿命周期管理。结合220kV变电站新建工程，深入推行设备主人关口前移，逐项落实前期设联会纪要，全过程介入中间验收和竣工验收，实现工程全过程管控；设备主人深度参与220kV变电站综合技改方案编写和省公司答辩，并全过程监管检修现场，对检修结果进行评估，设备主人责任意识不断增强，个人的技术水平也不断提高。综上所述，新模式统一继电保护设备检修主人、运维主人职责，增强了运维、检修专业的协同性，围绕设备状态管控的“两面性”得到了统一，既从工区管理层、又从现场运检人员层，均达到统一。

（2）设备缺陷隐患管控更有成效。在日常业务中，运检人员通过业务融合，灵活转换运维和检修的角色转换，使运维和检修业务不间断衔接。新模式消除了运维、检修职责壁垒，整合缺陷隐患的发现、检修消缺双重职责，改变了以往变电运维室负责发现、变电检修室负责处理，责任不集中等问题；合并了冗余流程，减少了循序等待、重复踏勘、重复验收等环节，提高了效率。在应急处置中，运检人员配合完成故障隔离、设备抢修、恢复送电的全过程，大幅缩短故障停电时间，显著提升供电可靠性。在缺陷管控方面，运检协同评估处理，信息得到及时传递，协调更为顺畅，处理效率明显提升。日常巡视升级为专业巡检，提高巡视的深度和精度，能更及时发现并处理设备异常，提高设备健康水平。可以明显扭转历年来缺陷遗留总数不断上升的趋势，达到发现数量未减少、消缺数量明显增加的目的。

（3）设备异常缺陷处置效率显著提高。生产指挥中心24h在线，每日对缺陷进行分析，“举一反三”处置潜在设备隐患，定期分析促进继电保护专业管理，响应速度能够显著提高。

二、故障应急处置能力增强

二次应急抢修任务产生后，生产指挥中心发挥前期研判优势，在故障前期研判、信息报送、过程管控、抢修评价等方面增强应急响应能力，提升向上级的信息报送速度。

基于设备主人意识的增强，在应急抢修指挥过程中，继电保护设备紧急缺陷、故障等异常处置，运维人员到达现场后第一波开展的信息收集、初步判断，给第一时间应急指挥提供支撑。在故障隔离和处置方案确定过程中，运维和检修按安全且高效地完成抢修的同一目标，一盘棋，减少协调沟通量，减少重复踏勘和人力消耗，保障快速抢修、及时送电。

三、专业化检修能力增强

新的模式下，运维检修员工有义务和责任不断学习运维、继电保护、实操训练等内容的课程，有针对性地进行理论与实操培训，为自己不断“充电”。同时，继电保护班的实际工作，也可以为员工第二专业技能奠定基础。青年员工积极第二专业技能并取得第二岗位资格证，为单位下一步“运检合一”工作储备“一岗多能”人才。

新的运检体系，改变了原先对外协队伍依赖性不断增强的不利趋势，建立了公司内部专业化的检修队伍输变电检修中心，大大缓解了主业综合检修、技改大修等施工检修压力。主业的设备主人单位侧重设备状态管理，即侧重220kV变电站二次设备运检管理。

输变电检修中心侧重部分具体业务的现场实施，有力支撑主业单位，减少主业外协力量投入，保障公司二次综合检修能力的建立和发展。

四、运检效率效益提升

（1）运维模式不断优化。在值班模式上，全面推行“2+N”值班模式，“错峰轮休、战时机动”，将人数发挥的效益进一步提高。在巡视模式上，试行“差异化”巡视，在评估设备状态基础上，借助机器人、工业视频等智慧运维技术，人工、远程巡视结合，对重点关注的设备进行特殊巡视，提高巡视效率。

（2）运、检协同度提升，交界面效率损耗降低。新的“运检合一”机制下，建立更高效的运检协同模式：在计划统筹方面，每次生产会上就基本完成专业间配合工作的协调，特别是大型工程，前期开展多专业联合踏勘，检修方案共审，管理人员也能更有效的统筹人员、车辆等资源；在生产作业方面，首先沟通上，尤其是现场发现问题后，运检能够第一时间将现场情况以图片或视频的形式相互告知，便于问题分析、快速处置。其次打破原有运检专业交界面，在工作中各环节效率提高。例如结合大型操作开展检修配操工作，快速解决开关、闸刀、地刀操作过程中碰到的问题；在综合检修方面，因为综合检修涉及设备较多，继电保护检修人员可以协助运维做好安全措施，操作许可时间减半。运维人员现场见证继电保护检修过程关键环节，优化验收环节，避免重复操作，运检效率将显著提升。同时实行“运维深度预判”“运维配检”等措施，及时处理继电保护设备操作过程中发生的突发问题，增加有效检修时间，保障检修质量，按时停、送电；

在投产验收方面，运维和检修专业联合开展投产验收，提高验收协同性和质量效率。运维、检修以往两个专业之间的效率损耗，通过纳入同一单位后将明显减少。

（3）运检一体项目实施促效益。新模式运行后，在经过对运检人员进行技术技能培训后，逐步实施部分运检一体项目。例如在220kV变电站变压器保护屏柜显示屏故障缺陷处理中，变电运检人员实施二次消缺，可以“一车两人”形式完成消缺，相比原先“两车三人”的形式节约了资源投入，提升了经济和人力资源效益。

五、运检管理精益化水平提升

成立平行对标的两个运检室后，从室和班组两个层面优化绩效体系，为运检人员提供良性竞争环境。管理部门组织实施月度“量化对标”和“运检质量评价”两个对标举措，明确对标导向，通过“晒指标、加减分”等方式，促进提升管理精益化水平。

第二章

继电保护基本概念

电力系统是电能生产、变换、输送、分配和使用的各种电气设备按照定的技术与经济要求有机组成的一个联合系统。一般将电能通过的设备称为电力系统的一次设备，如发电机、变压器、断路器、母线、输电线路、电动机及其他用电设备等。对一次设备的运行状态进行监视、测量、控制和保护的设备，称为电力系统的二次设备。由于电能不能大容量存储，电能的生产量应与电能的消费量保持平衡，并满足质量要求。一般而言，夏、冬季的负荷较春、秋季的大，工作日的负荷较休息日的大，日内负荷也存在高峰与低谷，电力系统中的某些设备，随时都有因绝缘材料的老化、制造中的缺陷、自然灾害等原因出现故障而退出运行。为满足时刻变化的负荷用电需求和电力设备安全运行的要求，致使电力系统的运行状态随时都在变化。

电力系统运行状态是指电力系统在不同运行条件（如负荷水平、出力配置、系统接线、故障等）下的系统与设备的工作状况。电力系统的运行条件一般可用三组方程式描述：其中一组微分方程式用来描述系统元件及其控制的动态规律，两组代数方程式则分别构成电力系统正常运行的等式和不等式约束条件。

等式约束条件是由电能性质本身决定的，即系统发出的有功功率和无功功率应在任何刻与系统中随机变化的负荷功率（包括传输损耗）相等；不等式约束条件涉及供电质量和电气设备安全运行的某些参数，它们应处于安全运行范围（上限及下限）内，根据不同的运行条件，可以将电力系统的运行状态分为正常状态、不正常状态和故障状态。

（1）正常工作状态下。应满足所有的等式约束条件和不等式约束条件，表明电力系统以足够的电功率满足负荷对电能的需求；电力系统中各发电、输电和用电设备均在规定的长期安全工作限额内运行；电力系统中各母线电压和频率均在允许的偏差范围内，提供合格的电能。一般在正常状态下的电力系统，其发电、输电和变电设备还保持一定的备用容量，能满足负荷随机变化的需要，在保证安全的条件下，可以实现经济运行；能承受常见的干扰，如部分设备的正常和故障操作，从一个正常状态和不正常状态、故障状态通过预定的控制连续变化到另一个正常状态，而不至于进一步产生有害的后果。

（2）不正常工作状态下。满足所有的等式约束条件和部分不等式约束条件，但又不是故障的工作状态。例如：① 过负荷。因负荷超过电气设备的额定值造成的电流增大，

将造成载流导体的熔断或加速绝缘材料的老化和损坏从而导致故障。② 频率降低。系统中出现有功功率缺额而引起，将影响产品质量、使电压下降可能引发电压崩溃、频率下降至 47～48Hz 将引起频率崩溃等。③ 过电压。发电机突然甩负荷而产生，将造成绝缘击穿导致短路。④ 系统振荡。因系统受到扰动而失去功率平衡，当系统振荡时，电流和电压周期性摆动，严重影响系统的正常运行。因此必须识别电力系统的不正常工作状态，通过自动和人工的方式消除电力系统的不正常现象，使其能够尽快恢复到正常运行状态。由于不正常工作状态对电力系统和电力设备造成的经济损失与运行时间的长短有关，加之引起不正常工作状态的原因复杂，一般由继电保护装置检测到不正常状态后发出信号，或延时切除不正常工作的元件。

（3）故障状态。电力系统的所有一次设备在运行过程中由于外力、绝缘老化、过电压、误操作、设计制造缺陷等原因会发生如短路、断线等故障。短路的类型包括三相短路、两相短路、单相接地短路及两相接地短路。断路（断线）故障，包括单相断线、两相断线和三相断线。最常见同时也是最危险的故障是发生各种类型的短路。在发生短路时可能产生以下后果：① 通过短路点的很大短路电流和所燃起的电弧，使故障元件损坏；② 短路电流通过非故障元件，由于发热和电动力的作用，将导致正常元件损坏或使用寿命缩短；③ 电力系统中部分地区的电压大大降低，影响用户的正常工作或者生产产品不合格；④ 破坏电力系统中各发电厂之间并列运行的稳定性，引起系统振荡，甚至使系统崩溃瓦解。

随着自动化技术的发展、电力系统的正常运行、故障期间以及故障后的恢复过程中，许多控制操作日趋高度自动化，这些控制操作的技术与装备大致可分为两大类：其一是为保电力系统正常运行的经济性和电能质量的自动化技术与装备，主要进行电能生产过程的连动调节，动作速度相对迟缓，调节稳定性高，把整个电力系统或其中的一部分作为调节对象，这就是通常理解的“电力系统自动化（控制）”。其二是当电网或电气设备发生故障或者出现影响安全运行的异常情况时，自动切除故障设备和消除异常情况的技术与装备，其特点是动作速度快，其性质是非调节性的，这就是通常理解的“电力系统继电保护与安全自动装置”。

电力系统中的发电机、变压器、输电线路、母线以及用电设备，一旦发生故障，迅速而有选择性地切除故障设备，既能保护电气设备免遭损坏，又能提高电力系统运行的稳定性是保证电力系统及其设备安全运行最有效的方法之一。切除故障的时间通常要求小到几十毫秒到几百毫秒，实践证明，只有装设在每个电力元件上的继电保护装置，才有可能完成这个任务。继电保护装置，就是指能反应电力系统中电气设备发生故障或不正常运行状态，并动作于断路器跳闸或发出信号的一种自动装置。

第一节 继电保护概念及种类

在电网运行中，电气元件可能发生各种故障和不正常运行状态，最常见同时也最危险的故障是发生各种类型的短路，有时电力系统中电气元件的正常工作遭到破坏，但没有发故障，这种情况属于不正常运行状态，例如过载等。故障和不正常运行状态的出现，都可能在电力系统中引起事故，造成系统或其中一部分的正常工作遭到破坏。

因此，对电力系统中的电力设备和线路应装设保护故障和异常运行的保护装置，并根据系统稳定的需要，在电力系统的特定位置装设安全自动装置。电力系统继电保护即继电保护技术和由各种继电保护装置组成的继电保护系统，包括继电保护的原理设计、配置、整定、调试等技术，也包括由获取电量信息的电压、电流互感器二次回路，经过继电保护装置到断路器跳闸线圈的一整套具体设备，如果需要利用通信手段传送信息，还包括通信设备。

电力系统继电保护的基本任务是：

（1）自动、迅速、有选择性地将故障元件从电力系统中切除，使故障元件免于继续遭到损坏，保证其他无故障部分迅速恢复正常运行。

（2）反映电气设备的不正常运行状态，并根据运行维护的条件（例如有无正常值班人员）而动作于发出信号、减负荷或者跳闸。此时，一般不要求保护迅速动作，而是根据对电网及其元件的危害程度规定一定的延时，以免不必要的动作和由于干扰而引起的误动作。

电力系统不可在无保护下运行，电力系统中的电力设备和线路，应装设短路故障和异常运行的保护装置。电力设备和线路短路故障的保护应有主保护和后备保护，必要时可增设辅助保护。

主保护是满足系统稳定和设备安全要求，能以最快速度有选择地切除被保护设备和线路故障的保护。

后备保护是主保护或断路器拒动时，用以切除故障的保护。后备保护可分为远后备和近后备两种方式：

（1）远后备是当主保护或断路器拒动时，由相邻电力设备或线路的保护实现后备。

（2）近后备是当主保护拒动时，由该电力设备或线路的另一套保护实现的后备；当断路器拒动时，由断路器失灵保护来实现的后备。

辅助保护是为补充主保护和后备保护的性能或当主保护和后备保护退出运行而增设的简单保护。

异常运行保护是反映被保护电力设备或线路异常运行状态的保护，可分为过负荷保护、失磁保护、失步保护、低频保护、非全相运行保护等。

继电保护装置必须具有正确区分被保护元件是处于正常运行状态还是发生了故障，是保护区内故障还是区外故障的功能。保护装置要实现这一功能，需要根据电力系统发生故障前后电气物理量变化的特征为基础来构成。

电力系统发生故障后，工频电气量变化的主要特征是：

（1）电流增大。短路时故障点与电源之间的电气设备和输电线路上的电流将由负荷电流突变为短路电流，其大大超过负荷电流。

（2）电压降低。当发生相间短路和接地短路故障时，系统各点的相间电压或相电压值下降，且越靠近短路点，电压越低。

（3）电流与电压之间的相位角改变。正常运行时电流与电压间的相位角是负荷的功率因数角，一般约为 20°，三相短路时，电流与电压之间的相位角是由输电线路阻抗角决定的，一般为 60°～85°，而在保护反方向三相短路时，电流与电压之间的相位角则是 180°+（60°～85°）。

（4）测量阻抗发生变化。测量阻抗即测量点（保护安装处）电压与电流之比值，正常运行时，测量阻抗为负荷阻抗；金属性短路时，测量阻抗转变为线路阻抗，故障后测量阻抗显著减小，而阻抗角增大。

（5）不对称短路时，例如单相接地、两相接地故障，将出现序分量，如两相接地短路时，出现负序电流和负序电压分量；单相接地时，出现负序和零序电流和电压分量。正常运行时这些分量不出现或者含量较低（系统三相不对称运行时）。

通过比较故障前后系统电气量的变化，便可构成各种原理的继电保护，即过电流保护、低电压保护、过电压保护、功率方向保护、距离保护、差动保护、纵联保护、零序电流/电压保护、阻抗保护。此外，除了上述反映工频电气量的保护外，还有反映非工频电气量的保护，如瓦斯保护。

第二节　继电保护基本要求

继电保护配置方式要满足电力网结构和厂站的主接线的要求，并考虑电力网和厂站的运行方式的灵活性。电网继电保护配置应满足“四性”（可靠性、选择性、灵敏性和速动性）的要求。

一、可靠性

可靠性是指保护该动作时应可靠动作，不该动作时应可靠不动作。

为保证可靠性，宜选用性能满足要求、原理尽可能简单的保护方案，应采用由可靠的硬件和软件构成的装置，并应具有必要的自动检测、闭锁、告警等措施，以及便于整定、调试和运行维护。一般来说，保护装置的组成元件的质量越高、接线越简单、回路中继电器的触点数量越少，保护装置的工作就越可靠。同时，精细的制造工艺、正确的调整试验、良好的运行维护以及丰富的运行经验，对于提高保护的可靠性也具有重要的作用。

继电保护装置的误动作和拒动作都会给电力系统造成严重的危害。但提高其不误动的可靠性和不拒动的可靠性的措施常常是互相矛盾的。由于电力系统的结构和负荷性质的不同，误动和拒动的危害程度有所不同，因而提高保护装置可靠性的着重点在各种具体情况下也应有所不同。例如：当系统中有充足的旋转备用容量、输电线路很多、各系统之间和电源与负荷之间联系很紧密时，由于继电保护装置的误动作对系统造成的影响可能很小。但如果发电机变压器或输电线故障时继电保护装置拒动作，将会造成设备的损坏或系统稳定的破坏损失巨大。故在此情况下，提高继电保护不拒动的可靠性比提高不误动的可靠性更为重要。反之，系统联系较薄弱时，由于继电保护装置的误动作使发电机或变压器或输电线切除时，将会引起对负荷供电的中断，甚至造成系统稳定的破坏，损失是巨大的。总而言之，继电保护必须提高可靠性，防止误动的同时充分防止拒动，反之亦然。

二、选择性

选择性是指首先由故障设备或线路本身的保护切除故障，当故障设备或线路本身的保护或断路器拒动时，才允许由相邻设备、线路的保护或断路器失灵保护切除故障。

为保证选择性，对相邻设备和线路有配合要求的保护和同一保护内有配合要求的元件（如启动与跳闸元件、闭锁与动作元件），其灵敏系数及动作时间应相互配合。

当重合于本线路故障，或在非全相运行期间健全相又发生故障时，相邻元件的保护应保证选择性。在重合闸后加速的时间内以及单相重合闸过程中发生区外故障时，允许被加速的线路保护无选择性。

在某些条件下必须加速切除短路时，可使保护无选择动作，但必须采取补救措施，例如采用自动重合闸或备用电源自动投入来补救。

发电机、变压器保护与系统保护有配合要求时，也应满足选择性要求。

通过采用一定的延时，实现本间隔的后备保护与主保护正确配合。其一是必须注意相邻元件后备保护之间的正确配合，即上级元件后备保护的灵敏度要低于下级元件后备保护的灵敏度；其二是上级元件后备保护的动作时间要大于下级元件后备保护的动作时间。在短路电流水平较低、保护处于动作边缘情况下，此两条件缺一不可。

三、灵敏性

灵敏性是指在对设备或线路的被保护范围内发生故障或者不正常运行状态的反应能力，在系统任意的运行条件下，无论短路点的位置、短路的类型如何，以及短路点是否有过渡电阻，当发生短路时都能敏锐感觉、正确反应，保护装置具有的正确动作能力的裕度，一般以灵敏系数来描述。灵敏系数应根据不利正常（含正常检修）运行方式和不利故障类型（仅考虑金属性短路和接地故障）计算，增大灵敏度，增加了保护动作的信赖性，但有时与可靠性相矛盾。在GB/T 14285—2006《继电保护和安全自动装置技术规程》中，对各类保护的灵敏系数的要求都作了具体的规定。

四、速动性

速动性是指保护装置应能尽快地切除短路故障，其目的是提高系统并列运行的稳定性，减轻故障设备和线路的损坏程度，缩小故障波及范围，提高自动重合闸和备用电源或备用设备自动投入的效果等。

对继电保护速动性的具体要求，应根据电力系统的接线以及被保护元件的具体情况，经过经济技术对比分析后确定，一些必须快速切除的故障如下：

（1）使发电厂或重要用户的母线电压低于允许值（一般为0.7倍额定电压）的故障；

（2）大容量的发电机、变压器以及电动机内部发生的故障；

（3）中、低压线路导线截面积过小，为避免过热不允许延时切除的故障；

（4）可能危及人身安全、对通信系统或铁道信号系统有强烈干扰的故障等。

故障切除时间等于保护装置和断路器动作时间的之和。一般的快速保护的动作时间为0.06～0.12s，最快的可达0.01～0.04s，一般的断路器的动作时间为0.06～0.15s，最快的可达0.02～0.06s。

第三节　继电保护配置原则

一、继电保护配置的考虑因素

电力系统是一个有机联系的整体，任一电力设备或线路故障若不能及时切除，都可能影响整个电力系统安全稳定运行。对电力设备或线路在电力系统中所处地位或重要性的不同，其保护的配置也不同，在选样和确定继电保护的配置方案时应综合考虑以下几个方面，并结合具体情况处理好继电保护“四性”的关系。

（一）电网电压等级及中性点接地方式

电网的电压等级决定了电网的容量、供电负荷的大小及供电范围，因此电压等级是电网重要性的主要指标之一。不同的电压等级的电网具有不同的机电和电磁特征，例如，500kV 及以上电网输送功率大，稳定性问题严重，要求保护装置的可靠性高、动作快；同时也应注意系统的二次回路的暂态过程及电压和电流传变的暂态过程对继电保护带来的影响。对于110kV及以下电网，这类问题一般影响不大。

中性点接地方式主要影响电网中接地保护的选型与配置。不同电压等级的电网其采用的接地方式不同，其故障的表现形式也有所不同，目前我国电力系统中采用的接地方式有中性点直接接地方式、中性点经消弧线圈接地方式、中性点经小电阻接地方式和中性点不接地方式。

对于110kV及以上电网的中性点均采用第一种接线方式。在中性点直接接地方式的电力系统中，发生单相接地故障时，接地短路电流很大，故称为大接地电流系统，在大接地电流系统中，发生单相接地故障的概率很高。中性点直接接地电网和中性点非直接接地电网的接地保护，因单相接地电流迥然不同而采用原理上完全不同的两类接地保护方式；一般前者反映单相接地短路电流与电压，动作于跳闸；后者仅反映单相接地电容电流或暂态电流，通常动作于信号。对中性点直接接地电网，反映相间故障的继电保护采用三相式，对中性点非直接接地电网，反映相间故障的继电保护可采用两相式。

（二）电网结构方式

在电网电压等级和中性点接地方式确定后，电网的结构方式和运行方式是影响继电保护方案的主要因素。

例如，同样是母线保护配置，对于220kV双母线接线，由于母线保护误动对系统的方案的主要因素响较大，可造成大面积停电，母线保护需增加电压闭锁功能；而对于 500kV 一个半断路器接线，由于其接线的特点，即使保护误动也不会造成停电事故，为了保证保护在母线故障时能可靠动作，母线保护却无须增加电压闭锁功能。

再例如，对于 220kV 内桥接线，如果内桥断路器存在并列运行的运行方式，则需要在内桥断路器上配置内桥断路器保护。当某一进线故障时，能快速跳开内桥断路器，防止扩大停电事故。

虽然目前已有许多适应性很强的性能完善的继电保护（如纵联差动保护、阶段式距离零序保护），但继电保护还不能保证任何结构形式的电网（包括厂站主接线、变压器接线方式和运行方式等）都能满足“四性”的要求。在进行电网规划、一次设备布置及电网运行方式选择时，要同时考虑电网继电保护与安全自动装置能够简单可靠、协调配合。

下列电网结构形式、厂站主接线形式、变压器接线方式和运行方式，一般会严重恶化继电保护新能，宜适当限制使用或辅以适当措施：

（1）短线路成串成环；

（2）大型电厂向电网送电的主干线上接入分支线，或在其电源侧附近破口接入变电站；

（3）220kV 电网中，选用全星形变压器或过多使用自耦变压器；

（4）220kV 电网中，采用多角形及外桥等母线接线方式；

（5）高、中压电磁环网；

（6）同杆并架多回线路。

此外，如下一些结构的电网可能引起继电保护复杂化或整定配合困难，设计中应慎重处理：

（1）长线与短线或短线群；

（2）非均一性线路；

（3）多分支线路；

（4）可变电源线路；

（5）具有汲出电流的线路和厂站主接线。

（三）电网对有选择性切除故障时间的要求

电网切除故障时间主要由系统稳定性、电网电压等级及电网保护配合的要求等因素而定，这涉及是否装设全线速动保护，甚至双重化保护等问题。

（四）故障类型、发生概率及经济合理性、相关专业技术发展状况

在考虑保护配置方案时，对常见的运行方式或故障类型保护应具有选择性或灵敏性；对稀有故障，可根据对电网的影响程度和后果，采取相应措施，使保护装置能正确动作；同时还要考虑经济上的合理性，对两种以上罕见故障同时出现的情况可仅保证切除故障。但不允许电网内任何元件在无保护状态下运行。

电网的事故教训和运行经验是继电保护设计的重要参考因素，也是设计方案可靠性的依据之一。同时，继电保护设计也需要借鉴国内外的运行经验等。

继电保护配置还受通信、自动化、电气二次等相关专业的技术发展的制约，需要综合考虑相关因素，并有效利用相关专业的优势。

（五）保护要尽可能统一，并具有一定的灵活性

在一定的范围内，保护装置的配置尽可能统一，以利于运行管理，提高运行水平。

保护装置的配置对电网的发展要有一定的适应能力，不致因运行方式的变化或电网的发展而影响保护的性能。

二、继电保护配置原则

（一）根据保护对象的故障特征来配置

继电保护装置是通过提取保护对象表征其运行状况的故障量，来判断保护对象是否存在故障或异常工况并采取相应的措施的自动装置。用于继电保护状态判别的故障量，随被保护对象而异，也随电力系统周围条件而异。使用最普遍的工频电气量，而最基本的是通过电力元件的电流和所在母线的电压以及由这些量演绎出来的其他量，如功率、序相量、阻抗、频率等，从而构成电流保护、电压保护、方向保护、阻抗保护、差动保护等。

（二）根据保护对象的电压等级和重要性来配置

不同电压等级的电网的保护配置要求不同。在高压电网中由于系统稳定对故障切除时间要求比较高，往往强调主保护，淡化后备保护。220kV 及以上设备要配置双重化的两套主保护。所谓主保护即设备发生故障时可以无延时跳闸，此外还要考虑断路器失灵保护。对电压等级低的系统则可以采用远后备的方式，在故障设备本身的保护装置无法正确动作时，相邻设备的保护装置延时跳闸。

当采用远后备方式时，在短路电流水平低且对电网不致造成影响的情况下（如变压器或电抗器后面发生短路，或电流助增作用很大的相邻线路上发生短路等），如果为了满足相邻线路保护区末端短路时的灵敏性要求，将使保护过分复杂或在技术上难以实现时，可以缩小后备保护作用的范围。必要时，可加设近后备保护（主要针对 110kV 及以下电压等级保护）。

（三）在满足安全可靠性的前提下要尽量简化二次回路

继电保护系统是继电保护装置和二次回路构成的有机整体，缺一不可。二次回路虽然不是主体，但它在保证电力生产的安全，保证继电保护装置正确工作发挥重要的作用。但复杂的二次回路可能导致保护装置不能正确感受系统的实际工作状态而不正确动作。因此在选择保护装置时尽量简化接线。

（四）要注意相邻设备保护装置的死区问题

电力系统各个元件都配置各自的保护装置不能留下死区。在设计时要合理分配的电流互感器绕组，两个设备的保护范围要有交叉。在各类保护装置接于电流互感器二次绕组时，应考虑到既要消除保护死区，同时又要尽可能减轻电流互感器本身故障时所产生的影响。

（五）注意线路保护不受系统振荡影响

电力设备或线路的保护装置，除预先规定的以外，都不应因系统振荡引起误动作。

使用于220～500kV电网的线路保护，其振荡闭锁应满足如下要求：

（1）系统发生全相或非全相振荡，保护装置不应误动作跳闸；

（2）系统在全相或非全相振荡过程中，被保护线路如发生各种类型的不对称故障，保护装置应有选择性地动作跳闸，纵联保护仍应快速动作；

（3）系统在全相振荡过程中发生三相故障，故障线路的保护装置应可靠动作跳闸，并允许带短延时。

（六）电流互感器、电压互感器要求和配置原则

电力系统二次回路中的交流电压、交流电流回路的作用：以在线的方式获取电力系统运行设备的电流、电压值，并获取系统的频率、有功功率、无功功率等运行参数，从而实时反映电力系统的运行情况。继电保护、安全自动装置等二次设备根据所得运行参数进行分析，并根据其对系统的运行状况进行控制与处理。

1. 保护用电流互感器的要求

（1）保护用电流互感器的准确性能应符合DL/T 866—2015标准的有关规定。

（2）电流互感器带实际二次负荷在稳态短路电流下的准确限值系数或励磁特性（含饱和拐点）应能满足所接保护装置动作可靠性的要求。

（3）电流互感器在短路电流含有非周期分量的暂态过程中和存在剩磁的条件下，可能使其严重饱和而导致很大的暂态误差。在选择保护用电流互感器时，应根据所用保护装置的特性和暂态饱和可能引起的后果等因素，慎重确定互感器暂态影响的对策。必要时应选择能适应暂态要求的TP类电流互感器，其特性应符合GB 20840.2—2014的要求。如保护装置具有减轻互感器暂态饱和影响的功能，可按保护装置的要求选用适当的电流互感器。

1）330kV及以上系统保护、高压侧为330kV及以上的变压器和300MW及以上的发电机变压器组差动保护用电流互感器宜采用TPY电流互感器。互感器在短路暂态过程中误差应不超过规定值。

2）220kV系统保护、高压侧为220kV的变压器和100～200MW级的发电机变压器组差动保护用电流互感器可采用P类、PR类或PX类电流互感器。互感器可按稳态短路条件进行计算选择，为减轻可能发生的暂态饱和影响宜选择具有适当暂态系数。220kV系统的暂态系数不宜低于2，100～200MW级机组外部故障的暂态系数不宜低于10。

3）110kV及以下系统保护用电流互感器可采用P类电流互感器。

4）母线保护用电流互感器可按保护装置的要求或按稳态短路条件选用。

（4）保护用电流互感器的配置及二次绕组的分配应尽量避免主保护出现死区。按近后备原则配置的两套主保护应分别接入互感器的不同二次绕组。

2. 保护用电压互感器的要求

（1）保护用电压互感器应能在电力系统故障时将一次电压准确传变至二次侧，传变误差及暂态响应应符合 DL/T 866—2015 标准的有关规定。电磁式电压互感器应避免出现铁磁谐振。

（2）电压互感器的二次输出额定容量及实际负荷应在保证互感器准确等级的范围内。

（3）双断路器接线按近后备原则配备的两套主保护，应分别接入电压互感器的不同二次绕组；对双母线接线按近后备原则配置的两套主保护，可以合用电压互感器的相同二次绕组。

（4）电压互感器的一次侧隔离开关断开后，其二次回路应有防止电压反馈的措施。对电压及功率调节装置的交流电压回路，应采取措施，防止电压互感器一次或二次侧断线时，发生误强励或误调节。

（5）在电压互感器二次回路中，除开口三角线圈和另有规定者（例如自动调整励磁装置）外，应装设自动开关或熔断器。接有距离保护时，宜装设自动开关。

3. 互感器的安全接地

（1）电流互感器的二次回路必须有且只能有一点接地，一般在端子箱经端子排接地。但对于有几组电流互感器连接在一起的保护装置，如母差保护、各种双断路器主接线的保护等，则应在保护屏上经端子排接地。

（2）电压互感器的二次回路只允许有一点接地，接地点宜设在控制室内。独立的、与其他互感器无电联系的电压互感器也可在开关场实现一点接地。为保证接地可靠，各电压互感器的中性线不得接有可能断开的开关或熔断器等。

（3）已在控制室一点接地的电压互感器二次线圈，必要时，可在开关场将二次线圈中性点经放电间隙或氧化锌阀片接地，应经常维护检查防止出现两点接地的情况。

（4）来自电压互感器二次的四根开关场引出线中的接地线和电压互感器三次的两根开关场引出线中的中性线必须分开，不得共用。

4. 电流电压互感器的典型配置方式

为了满足不同测量、继电保护及安全自动化装置的要求，电流、电压控制器有多重配置与接线方式。

电流电压互感器配置设计时需考虑以下问题：

（1）保护用电流互感器的配置，应使变电站内各主保护的保护区相互覆盖或衔接，消除死区。

（2）大接地系统 110～500kV 各回路，应按三相式 TA 配置；小接地短路电流系统一般按二相式配置电流互感器，当不能满足继电保护灵敏度时或其他特殊要求，可采用三相式。

（3）在 500kV 的变电站，220kV 侧采用双母带旁母接线时，在设有旁路断路器和母联兼旁路断路器的情况下，因为线路与变压器回路电流互感器的变比相差较大，为防止在断路器相互替代时，引起的继电保护的定值变更，通常旁路断路器只考虑代替线路断路器代替，其电流互感器的配置一般与变压器回路相同，而母联只考虑兼旁路断路器，其电流互感器的变比与变压器的回路相同。

（4）在500kV变电站中的220kV线路，因重要性大，为满足系统稳定的要求，一般要配置双套主保护，故需要采用有多个二次绕组的电流互感器。

（5）变压器各侧套管电流互感器的配置，应考虑变压器引出线套管内配置电流互感器的作用：

1）当各侧主回路中独立的电流互感器二次绕组的数量不够用时，出线套管中装设电流互感器作为补充；

2）当主回路断路器检修时，电流互感器停用，有些保护可接到套管电流互感器回路中，作为主回路电流互感器的备用；

3）一些特殊接线方式下，利用引线套管电流互感器代替主回路电流互感器，节约投资。500kV 变压器套管的套管电流互感器接后备保护时，用普通保护级（P 级）电流互感器，当接差动保护时，应装设TPY级电流互感器。

（6）电压互感器的配置，通常在每一独立工作母线段设有电压互感器。6～110kV选用电磁式电压互感器；220kV选用电容式电压互感器。

（7）在 10kV 及以下线路，需要检查线路电压或同步时，应在线路侧装设有电压互感器接相间电压，在110～220kV线路有检查线路电压或同步时，首先使用电压抽取装置，通过结合电容器抽取电压，尽量不装设单独的电压互感器。

保护装置在电压互感器二次回路一相、两相或三相同时断线、失压时，应发告警信号，并闭锁可能误动作的保护。

保护装置在电流互感器二次回路不正常或断线时，应发告警信号，除母线保护外，允许跳闸（一般采用有条件闭锁）。

（七）其他要求

此外，应对保护通道有监视，在系统正常情况下，通道发生故障或出现异常情况时，应发出告警信号；使用于220kV及以上电压的电力设备非电量保护应相对独立，并具有独立的跳闸出口回路。

宜将被保护设备或线路的主保护（包括纵、横联保护等）及后备保护综合在一整套装置内，共用直流电源输入回路及交流电压互感器和电流互感器的二次回路。该装置应能反映被保护设备或线路的各种故障及异常状态，并动作于跳闸或给出信号。对仅配置一套主保护的设备，应采用主保护与后备保护相互独立的装置。

保护装置应尽可能根据输入的电流、电压量，自行判别系统运行状态的变化，减少外接相关的输入信号来执行其应完成的功能。继电器和保护装置的直流工作电压，应保证在外部电源为80%～115%额定电压条件下可靠工作。

对220～500kV断路器三相不一致，应尽量采用断路器本体的三相不一致保护，而不

再另外设置三相不一致保护；如断路器本身无三相不一致保护，则应为该断路器配置三相不一致保护。

跳闸出口应能自保持，直至断路器断开。自保持宜由断路器的操作回路来实现，保证断路器能够可靠分开。

第三章

常规变电站继电保护运维检修

第一节　变压器保护

一、变压器保护配置方式

（一）变压器的故障和不正常运行工况

1. 变压器的故障

变压器故障可分内部故障和外部故障。

变压器内部故障指的是箱壳内部发生的故障，有绕组的相间短路故障、绕组的匝间短路故障、绕组与铁芯间的短路故障、变压器绕组引线与外壳发生的单相接地短路。此外，还有绕组的断线故障。

变压器外部故障指的是箱壳外部引出线间的各种相间短路故障和引出线因绝缘套管闪络或破碎通过箱壳发生的单相接地短路。

2. 变压器的异常运行方式

大型超高压变压器的不正常运行工况主要有过负荷、油箱漏油造成的油面降低、外部短路故障（接地故障和相间故障）引起的过电流。

对于大容量变压器，因铁芯额定工作磁密与饱和磁密比较接近，所以当电压过高或频率降低时，容易发生过励磁。

此外，对于中性点不直接接地运行的变压器、可能出现中性点电压过高的现象；运行中的变压器油温过高（包括有载调压部分）以及压力过高的现象；变压器油箱内油位异常，变压器温度过高及冷却器全停等。

（二）变压器保护介绍

变压器短路故障时，会产生很大的短路电流，使变压器严重过热，甚至烧坏变压器绕组或铁芯。特别是变压器油箱内的短路故障，伴随电弧的短路电流可能引起变压器着火。另外压器内、外部的故障短路电流产生电动力，也可能造成变压器本体和绕组变形，

而损坏变压器的异常运行也会危及变压器的安全，如果不能及时发现处理，会造成变压器故障及损坏变压器。下面，对变压器常采用的保护进行简单介绍。

1. 瓦斯保护

容量在 0.8MVA 及以上的油浸式变压器和户内 0.4MVA 及以上的变压器应装设瓦斯保护。不仅变压器本体有瓦斯保护，有载调压部分同样设有瓦斯保护。

瓦斯保护用来反映变压器的内部故障和漏油造成的油面降低，同时也能反映绕组的开焊故障。即使是匝数很少的短路故障，瓦斯保护同样能可靠反应。

瓦斯保护有重瓦斯、轻瓦斯之分。一般重瓦斯动作于跳闸，轻瓦斯动作于信号。当变压器的内部发生短路故障时，电弧分解油产生的气体在流向储油柜的途中冲击气体继电器，使重瓦斯动作于跳闸。当变压器由于漏油等造成油面降低时，轻瓦斯动作于信号。由于瓦斯保护反应于油箱内部故障所产生的气流（或油流）或漏油而动作，所以应注意出口继电器的触点抖动，动作后应有自保持措施。

2. 差动保护和电流速断保护

用来反映变压器绕组的相间短路故障、绕组的匝间短路故障、中性点接地侧绕组的接地故障以及引出线的接地故障。应当看到，对于变压器内部的短路故障，如星形接线中绕组尾部的相间短路故障、绕组匝间的短路故障，纵联差动保护和电流速断保护是反映不了的，即存在保护死区。此外，也不能反映绕组的开焊故障。注意到瓦斯保护不能反映油箱外部的短路故障，故纵联差动保护和瓦斯保护均是变压器的主保护。

10MVA 及以上容量的单独运行变压器、6.3MVA 及以上容量的并联运行变压器或工业企业中的重要变压器，应装设纵联差动保护。

对于 2MVA 及以上容量的变压器，当电流速断保护灵敏度不满足要求时，应装设纵联差动保护。

3. 反映相间短路故障的后备保护

用作变压器外部相间短路故障和作为变压器内部绕组、引出线相间短路故障的后备保护。根据变压器的容量和在系统中的作用，可分别采用过电流保护、复合电压启动的过电流（方向）保护、阻抗保护。

4. 反映接地故障的后备保护

变压器中性点直接接地时，用零序电流（方向）保护作为变压器外部接地故障和中性接接地侧绕组、引出线接地故障的后备保护。

变压器中性点不接地时，可用零序电压保护、中性点的间隙零序电流保护作为变压器接地故障。

5. 过负荷保护

用来反映容量在 0.4MVA 及以上变压器的对称过负荷。过负荷保护只需要用一相电流延时作用于信号。

6. 过励磁保护

在超高压变压器上才装设过励磁保护，过励磁保护具有反时限特性以充分发挥变压器的过励磁能力。过励磁保护动作后可发信号或动作于跳闸。

7. 非电量保护

变压器本体和有载调压部分的油温保护，变压器的压力释放保护，此外，还有变压器带负荷后启动风冷的保护，过载闭锁带负荷调压的保护。

（三）变压器保护的基本配置

为确保变压器的安全经济运行，当变压器发生短路故障时，应尽快切除变压器；而当变压器出现不正常运行方式时，应尽快发出报警信号并进行相应的处理。为此，对变压器配置整套完善的保护装置是必要的。

短路故障的主保护：纵联差动保护、电流速断保护、重瓦斯保护、压力释放保护，另外，根据变压器的容量、电压等级及结构特点，可配置零差保护及分侧差动保护。

短路故障的后备保护：复合电压启动过电流保护、零序过电流或零序方向过电流保护、负序过电流或负序方向过电流保护、复合电压闭锁功率方向保护、低阻抗保护等。

异常运行保护：过负荷保护，过励磁保护，变压器中性点间隙保护，轻瓦斯保护，温度、油位保护及冷却器全停保护等。

220kV 变压器保护配置：220kV 变压器保护按双重化配置电量保护和一套非电量保护，采用两套完整、独立并且是安装在各自柜内的保护装置，每套保护均配置完整的主、后备保护，宜选用主、后备保护一体化装置。

1. 主保护采用纵联差动保护

变压器应装设差动保护作为主保护，以保护变压器绕组及其引出线的相间短路和单相地故障。每台变压器装设双套差动保护，两套主保护宜采用不同原理的差动保护。

2. 后备保护

220kV 变压器后备保护作为变压器内部故障的近后备保护，以及 110kV 母线和线路的远后备保护。

220kV 变压器用作相间故障的后备保护通常采用复合电压闭锁过电流保护，用作接地故障的后备保护通常采用零序方向过电流保护、公共绕组零序过电流保护等。

（1）高压侧后备保护。相间后备高压侧装设复合电压闭锁过电流保护，作为变压器相间短路故障的近后备保护和相邻元件（低压侧母线、线路）的远后备保护。保护为二段式：Ⅰ段带方向，方向可整定，对于降压变压器，方向指向变压器，设两个时限，以第一时限动作断开变压器 110kV 侧断路器，以第二时限动作断开变压器各侧断路器；Ⅱ段不带方向，作为变压器的总后备保护，动作跳开变压器各侧断路器。

1）接地后备保护配置两段式零序（方向）电流保护：Ⅰ段带方向，方向朝向变压器，设两时限，以较短时限动作断开变压器 110kV 断路器，以较长时限动作断开变压器各侧断路器；Ⅱ段不带方向，作为变压器的总后备，动作断开变压器各侧断路器。

2）对于中性点装放电间隙的分级绝缘变压器（普通变压器），还应配置零序电压保护和间隙电流保护（间隙电流和零序电压构成或门出口），延时跳变压器各侧断路器。

3）配置变压器高压侧断路器失灵联跳各侧断路器的功能。接收高压侧母线保护失灵联跳动作触点开入，经灵敏的不需要整定的电流元件判别后，延时 50ms 跳开变压器各侧断路器。

4）配置过负荷保护，延时动作于信号。

（2）中压侧后备保护。

1）相间后备配置复合电压（负序及相间电压）闭锁方向过电流保护，方向朝 110kV 母线，设三个时限：第一时限动作断开 110kV 母联［母分（母线分段）］断路器；第二时限带方向，动作断开变压器本侧断路器；第三时限不带方向（可整定退出）延时跳开各侧断路器。另配置限时速断保护，第一时限跳 110kV 母联（母分）断路器，第二时限断开变压器本侧断路器，在 110kV 母线保护停役且稳定有要求时投入。

2）接地后备配置两段式零序（方向）电流保护。Ⅰ段带方向，方向朝向 110kV 母线设两时限，以较短时限动作断开 110kV 母联（母分）断路器，以较长时限动作断开变压器本侧断路器。第二段不带方向，延时跳开变压器各侧断路器，可整定退出。

3）对于中性点装放电间隙的分级绝缘变压器（普通变压器），还应配置零序电压保护和间隙电流保护；构成或门延时跳开变压器各侧断路器。

4）配置过负荷保护，延时动作于信号。

（3）低压侧后备保护。

1）配置复合电压（负序及相间电压）闭锁过电流保护，设三时限，第一时限跳母分，第二时限跳低压侧断路器，第三时限跳开变压器各侧断路器。

2）配置过电流保护，设三时限，第一时限跳母分，第二时限跳低压侧断路器，第三时限跳开变压器各侧断路器。

3）配置过负荷保护，延时动作于信号。

自耦变压器应设置公共绕组零序过电流保护、相电流过电流保护、过负荷保护，电流回路接到公共绕组的电流互感器上以上后备保护配置主要针对降压变压器；对于升压变压器（联络变压器），其后备保护的方向做相应调整。

二、变压器保护的日常运维及巡视

变压器保护的日常运维及巡视包含变压器保护的巡视、运行维护项目和内容。

（一）变压器设备的巡视检查项目

（1）检查变压器保护及二次回路各元件应接线紧固，无过热、异味、冒烟现象，标识清晰准确，继电器外壳无破损，触点无抖动，内部无异常声响。

（2）检查交直流切换装置工作正常。

（3）检查继电保护及自动装置的运行状态、运行监视（包括液晶显示及各种信号灯指示）正确，无异常信号。

（4）检查继电保护及自动装置屏上各小开关、切换把手的位置正确。

（5）检查继电保护及自动装置的压板投退情况符合要求，压接牢固，长期不用的压板应取下。

（6）检查记录有关继电保护及自动装置计数器的动作情况。

（7）检查屏内 TV、TA 回路无异常现象。

（8）检查微机保护的打印机运行正常，不缺纸，无打印记录。

（9）检查微机保护装置的定值区位和时钟正常。

（10）检查电能表指示正常，与潮流一致。

（11）检查试验中央信号正常，无光字、告警信息。

（12）检查控制屏各仪表指示正常，变压器无过负荷现象，母线电压三相平衡、正常，系统频率在规定的范围内。

（13）检查控制屏各位置信号正常。

（14）检查变压器远方测温指示和有载调压指示与现场一致。

（15）检查保护屏、控制屏下电缆孔洞封堵严密。

（二）继电保护及自动装置的运行维护

（1）应定期对微机保护装置进行采样值检查、可查询的开入量状态检查和时钟校对，检查周期般不超过一个月，并应做好记录。

（2）每年按规定打印一次全站各微机型保护装置定值，与存档的正式定值单核对，并在打印定值单上记录核对日期、核对人，保存该定值直到下次核对。

（3）应每月检查打印纸是否充足、字迹是否清晰，负责加装打印纸和更换打印机色带。

（4）加强对保护室空调、通风等装置的管理，保护室内相对湿度不超过 75%，环境温度应在 5～30℃范围内。

（三）变压器保护缺陷分类

发现缺陷后，运行人员应对缺陷进行初步分类，根据现场规程进行应急处理，并立即报告值班调度及上级管理部门。设备缺陷按严重程度和对安全运行造成的威胁大小，分为危急、严重、一般三类。

1. 危急缺陷

危急缺陷是指性质严重，情况危急，直接威胁安全运行的隐患，应当立即采取应急措施，并尽快予以消除。

一次设备失去主保护时，一般应停运相应设备；保护存在误动风险，一般应退出该保护；保护存在拒动风险时，应保证有其他可靠保护作为运行设备的保护。以下缺陷属于危急缺陷：

（1）电流互感器回路开路。

（2）二次回路或二次设备着火。

（3）保护、控制回路直流消失。

（4）保护装置故障或保护异常退出模块。

（5）保护装置电源灯灭或电源消失。

（6）收发信机运行灯灭、装置故障、裕度告警。

（7）控制回路断线。

（8）电压切换不正常。

（9）电流互感器回路断线告警、差流越限，线路保护电压互感器回路断线告警。

（10）保护开入异常变位，可能造成保护不正确动作。

（11）直流接地。

（12）其他威胁安全运行的情况。

2. 严重缺陷

严重缺陷是指设备缺陷情况严重，有恶化发展趋势，影响保护正确动作，对电网和设备安全构成威胁，可能造成事故的缺陷。严重缺陷可在保护专业人员到达现场进行处理时再申请退出相应保护。缺陷未处理期间，运行人员应加强监视，保护有误动风险时应及时处置。以下缺陷属于严重缺陷：

（1）保护装置只发告警或异常信号，未闭锁保护。

（2）录波器装置故障、频繁启动或电源消失。

（3）保护装置液晶显示屏异常。

（4）操作箱指示灯不亮，但未发控制回路断线信号。

（5）保护装置动作后报告打印不完整或无事故报告。

（6）就地信号正常，后台或中央信号不正常。

（7）切换灯不亮，但未发电压互感器断线告警。

（8）无人值守变电站保护信息通信中断。

（9）频繁出现又能自动复归的缺陷。

（10）其他可能影响保护正确动作的情况。

3. 一般缺陷

一般缺陷是指上述危急、严重缺陷以外的，性质一般，情况较轻，保护能继续运行，对安全运行影响不大的缺陷。以下缺陷属于一般缺陷：

（1）打印机故障或打印格式不对。

（2）电磁继电器外壳变形、损坏，不影响内部情况。

（3）GPS 装置失灵或时间不对，保护装置时钟无法调整。

（4）保护屏上按钮接触不良。

（5）有人值守变电站保护信息通信中断。

（6）能自动复归的偶然缺陷。

（7）其他对安全运行影响不大的缺陷。

（四）变压器保护及二次回路巡检信息采集

变压器保护及二次回路巡检信息采集见表 3－1。

表 3-1　　变压器保护及二次回路巡检信息采集

变电站名称		间隔名称		
巡检时间		天气情况		
巡检人员				
采集内容及记录				
序号	采集内容	采集数据	结果	说明
1	装置面板及外观检查	运行指示灯正常		
		液晶显示屏正常		
		检查定值区号和整定单号与实际运行情况相符		
		打印功能正常		
2	屏内设备检查	各功能开关及方式开关符合实际运行情况		
		电源空气开关及电压空气开关符合要求		
		保护压板投入符合要求		
3	二次回路检查	端子排（箱）锈蚀		
		电缆支架锈蚀		
		交直流及强弱电电缆分离		
		接地、屏蔽、接地网符合要求		
4	红外测温	装置最高温度：__℃ 二次回路最高温度：__℃		
5	交流显示值检查	保护模拟量采样与监控采样的最大误差：__%		
6	开入量检查	开入量检查符合运行状况：		
7	装置差流检查	装置运行中纵联差动差流：__A 装置运行中三相电流：__A		
8	反措检查	执行最新反措要求		

三、变压器保护的倒闸操作

（一）变压器保护运行管理规定

1. 220kV 变压器保护

（1）220kV 变压器保护一般采用双重化配置的电气量保护和单套非电量保护，具体包括变压器第一套（第二套）保护、变压器第一套（第二套）差动保护、断路器保护、非电量保护。

（2）变压器保护的状态有跳闸、信号和停用三种。跳闸状态一般指装置电源开启、功能压板和出口压板均投入；信号状态一般指出口压板退出，功能压板投入（变压器差

动保护除外)，装置电源仍开启；停用状态一般指出口压板和功能压板均退出，装置电源关闭。

（3）调度对变压器保护的发令一般只到信号状态（装置电源故障除外)，停用状态一般由现场掌握，但应注意及时恢复到调度发令的信号状态。

（4）差动保护及非电量保护可根据需要单独投退。

（5）双重化配置的变压器差动保护只有跳闸与信号两种状态，差动保护由跳闸改信号时仅退出差动保护功能压板，变压器保护跳闸出口压板仍保持投入状态。信号改跳闸时，先检查保护装置无报警信号再投入差动保护功能压板。

（6）当变压器保护双重化配置时，后备保护一般不单独投退，跟随变压器保护整体操作；当变压器保护单套配置时，主保护与后备保护装置独立配置，各侧后备保护可单独投退。

（7）除断路器保护装置自身工作外，一般调度不对其单独发令，正常失灵保护功能的投退应主要包含在开关的一次状态改变中。

（8）220kV 变压器低压侧为 35kV 系统、有出线且配置母差保护的，变压器保护一般设两套定值，“1”区定值正常方式下使用，“2”区定值仅当对应 35kV 母差保护退出时使用；切换定值区前需轮停变压器保护。某 220kV 变电站变压器实际说明如图 3－1 所示。

说明：

1. 为执行浙电调〔2016〕788 号《国网浙江省电力公司关于优化 220kV 变压器保护措施的通知》而整定。
2. I_e 为主变压器二次额定电流。
3. 方向零序过电流及零序过电流均采用自产 $3I_0$。
4. 1 号主变压器 220kV（110kV）间隙零序过电流、零序过电压保护仅在 1 号主变压器 220kV（110kV）侧中性点不接地运行时投入，零序过电流Ⅰ、Ⅱ、Ⅲ段无论主变压器中性点是否接地运行均投入。
5. 公共绕组保护停用。
6. 保护允许负荷电流：高压侧：436A；
中压侧：756A；
低压侧：1036A。
7. 若打印定值中出现主保护跳闸控制字，应为 1（000F)。
8. 35kV 最长线路阻抗限额（标幺值)：0.3。
9. 本单设两套定值：“【】”外定值为“1”区，正常方式下使用；
“【】”内定值为“2”区，仅当 35kV 母差退出时使用。

图 3－1　某 220kV 变电站变压器实际说明

（9）220kV 变电站 35kV 母差保护退出，若对应变压器保护有两套定值的，应先将变压器保护定值区进行切换。

（10）变压器停役操作时，应取下变压器后备保护联跳其他开关（如母联、母分、分段开关）的出口压板。复役时，应根据运行方式放上相应的变压器后备保护联跳母联、母分、分段开关的压板。

（11）变压器单侧开关改冷备用或检修时，应在变压器保护放上相应的电压退出压板，或取下相应的电压投入压板，复役时取下退出压板或放上投入压板。

（12）变压器三侧全停时，三侧纵联差动 TA 无须脱离纵差回路。

（13）变压器本体运行但一侧开关改检修时，则该侧纵联差动 TA 应脱离纵联差动回路并短路接地，在交流回路切换过程中应短时停用纵联差动保护，纵联差动保护投运前需抄录差流（不平衡电流）。

（14）双母接线系统，变压器间隔母线闸刀合闸操作后，应检查变压器保护电压切换是否正确。

（15）变压器 110kV 侧停役时，应取下停役变压器 110kV 侧相应后备保护联跳母联（母分）开关的压板；复役时，应根据运行方式放上相应的变压器后备保护联跳母联（母分）开关的压板。

（16）变压器 110kV 侧倒排后，应根据运行方式调整相应的变压器后备保护联跳母联（母分）开关的压板。

（17）运行中的变压器中性点接地闸刀如需倒换，应根据中性点接地方式对中性点间隙保护进行调整（间隙保护随中性点接地方式自动适应者除外）。

（18）变压器 110kV 侧单侧开关停役后，应保持该侧中性点接地闸刀在合闸位置，并退出该侧中性点间隙保护。

（19）保护检修或校验后，倒闸操作前必须检查保护电源、压板及切换开关恢复检修或校验前的状态。

（20）投入保护出口跳闸压板之前，必须用高内阻电压表测量压板两端对地无异极性电压后，方可投入其跳闸压板。具体操作如图 3－2 所示。

图 3－2　运维人员测量压板两端对地无异极性电压

（21）保护出口信号指示灯亮时严禁投入压板，应查明保护动作原因。操作压板时，应防止压板触碰外壳或相邻出口跳闸压板，造成保护装置误动作。

（22）新保护和新间隔启动前，应按照调度启动方案要求预设继电保护状态。

2. 110kV 和 35kV 变压器保护

110kV 和 35kV 变压器保护一般为主后备独立单套配置和主后一体双套配置两种形式。变压器保护的状态有跳闸、信号和停用三种。各状态定义如下：跳闸状态一般指装置电源开启、功能压板和出口压板均投入；信号状态一般指出口压板退出，功能压板投入（变压器差动保护除外），装置电源仍开启；停用状态一般指出口压板和功能压板均退出，装置电源关闭。

（1）主后备独立单套配置。

1）变压器差动保护由跳闸改信号时退出保护跳闸出口压板，退出保护功能压板。信号改跳闸时，投入保护功能压板，检查保护装置无报警信号后投入保护跳闸出口压板。

2）变压器后备保护由跳闸改信号时，退出保护跳闸出口压板，退出保护功能压板。信号改跳闸时，投入保护功能压板，检查保护装置无报警信号后投入跳闸出口压板。

3）变压器非电量保护由跳闸改信号时，仅退出保护功能压板，跳闸出口压板仍保持投入状态。信号改跳闸时，先检查保护装置无报警信号再投入差动保护功能压板。

（2）主后一体双套配置。

1）变压器保护由跳闸改信号时，退出变压器保护跳闸出口压板，退出闭锁备自投出口压板，退出差动及后备保护功能压板。信号改跳闸时，投入差动及后备保护功能压板，检查保护装置无报警信号后投入跳闸及闭锁备自投出口压板。

2）变压器差动保护、后备保护、非电量保护由跳闸改信号时，均只退出保护功能压板，跳闸出口压板仍保持投入状态。信号改跳闸时，先检查保护装置无报警信号再投入保护功能压板。

3）对于采用桥式接线的 110kV 变电站，变压器改冷备用或检修状态时，应取下变压器保护（电量保护及非电量保护）联跳其他相关开关（110kV 进线开关、桥开关及中低压侧母分开关）出口压板。

（二）二次典型操作票（停复役）

1. 停用 1 号变压器第一套保护

操作内容：

（1）取下 1 号主变压器保护（一）跳 1 号主变压器 220kV 开关跳闸出口压板 1LP14，并检查。

（2）取下 1 号主变压器保护（一）跳 1 号主变压器 110kV 开关跳闸出口压板 1LP18，并检查。

（3）取下 1 号主变压器保护（一）跳 110kV 母联开关跳闸出口压板 1LP22，并检查。

（4）取下 1 号主变压器保护（一）跳 1 号主变压器 35kV 开关跳闸出口压板 1LP24，并检查。

（5）取下 1 号主变压器保护（一）跳 35kV 母分开关跳闸出口压板 1LP25，并检查。

（6）取下 1 号主变压器保护（一）纵联差动保护投入压板 1LP1，并检查。

（7）取下 1 号主变压器保护（一）220kV 相间后备投入压板 1LP2，并检查。

（8）取下1号主变压器保护（一）220kV零序保护投入压板1LP3，并检查。

（9）检查1号主变压器保护（一）220kV间隙零序过电流、过电压保护投入压板1LP4确已取下。

（10）取下1号主变压器保护（一）110kV相间后备投入压板1LP6，并检查。

（11）取下1号主变压器保护（一）110kV零序保护投入压板1LP7，并检查。

（12）检查1号主变压器保护（一）110kV间隙零序过电流、过电压保护投入压板1LP8确已取下。

（13）取下1号主变压器保护（一）35kV后备投入压板1LP10，并检查。

（14）取下1号主变压器保护（一）启动失灵压板1LP15，并检查。

（15）取下1号主变压器保护（一）1号主变压器220kV开关失灵保护解除复压闭锁压板1LP16，并检查。运维及检修人员操作如图3－3所示。

图3－3　运维及检修人员操作硬压板

2. 投入1号变压器第一套保护

操作内容：

（1）检查1号主变压器电气量保护屏（一）RCS－978装置上报警灯熄灭，且面板上无报警显示。

（2）放上1号主变压器保护（一）纵联差动保护投入压板1LP1，并检查。

（3）放上1号主变压器保护（一）220kV相间后备投入压板1LP2，并检查。

（4）放上1号主变压器保护（一）220kV零序保护投入压板1LP3，并检查。

（5）检查1号主变压器保护（一）220kV间隙零序过电流、过电压保护投入压板1LP4确已取下。

（6）放上1号主变压器保护（一）110kV相间后备投入压板1LP6，并检查。

（7）放上1号主变压器保护（一）110kV零序保护投入压板1LP7，并检查。

（8）检查1号主变压器保护（一）110kV间隙零序过电流、过电压保护投入压板1LP8确已取下。

（9）放上1号主变压器保护（一）35kV后备投入压板1LP10，并检查。

（10）放上 1 号主变压器保护（一）启动失灵压板 1LP15，并检查。

（11）放上 1 号主变压器保护（一）1 号主变压器 220kV 开关失灵保护解除复压闭锁压板 1LP16，并检查。

（12）测量 1 号主变压器保护（一）跳 1 号主变压器 220kV 开关跳闸出口压板 1LP14 两端电压为零，并放上。

（13）测量 1 号主变压器保护（一）跳 1 号主变压器 110kV 开关跳闸出口压板 1LP18 两端电压为零，并放上。

（14）测量 1 号主变压器保护（一）跳 110kV 母联开关跳闸出口压板 1LP22 两端电压为零，并放上。

（15）测量 1 号主变压器保护（一）跳 1 号主变压器 35kV 开关跳闸出口压板 1LP24 两端电压为零，并放上。

（16）测量 1 号主变压器保护（一）跳 35kV 母分开关跳闸出口压板 1LP25 两端电压为零，并放上。

3. 停用 1 号变压器第一套保护

操作内容：

（1）执行停用 1 号变压器第一套保护程序化任务。

（2）退出 1 号变压器保护(一)跳 1 号变压器 220kV 开关出口 GOOSE 软压板 1TLP1，并检查。

（3）退出 1 号变压器保护(一)跳 1 号变压器 110kV 开关出口 GOOSE 软压板 1TLP2，并检查。

（4）退出 1 号变压器保护（一）跳 110kVⅠ～Ⅱ段母分开关出口 GOOSE 软压板 1TLP3，并检查。

（5）退出 1 号变压器保护(一)跳 1 号变压器 10kV 开关出口 GOOSE 软压板 1TLP4，并检查。

（6）退出 1 号变压器保护（一）闭锁 10kV 备自投出口 GOOSE 软压板 1TLP5，并检查。

（7）退出 1 号变压器保护(一)跳 10kVⅠ～Ⅱ段母分开关出口 GOOSE 软压板 1TLP6，并检查。

（8）退出 1 号变压器保护（一）差动保护投入软压板 1KLP1，并检查。

（9）退出 1 号变压器保护（一）220kV 后备保护投入软压板 1KLP2，并检查。

（10）退出 1 号变压器保护（一）110kV 后备保护投入软压板 1KLP4，并检查。

（11）退出 1 号变压器保护（一）10kV 后备保护投入软压板 1KLP6，并检查。

（12）退出 1 号变压器保护（一）失灵启动 220kV 第一套母差 GOOSE 软压板 1SLP1，并检查。

（13）退出 1 号变压器保护（一）失灵联跳 GOOSE 软压板 1SLP2，并检查。

4. 投入 1 号变压器第一套保护

操作内容：

（1）执行投入 1 号变压器第一套保护程序化任务。

（2）检查1号变压器保护（一）无动作信号。

（3）检查1号变压器保护（一）无异常告警信号。

（4）投入1号变压器保护（一）纵联差动保护投入软压板1KLP1，并检查。

（5）投入1号变压器保护（一）220kV后备保护投入软压板1KLP2，并检查。

（6）投入1号变压器保护（一）110kV后备保护投入软压板1KLP4，并检查。

（7）投入1号变压器保护（一）10kV后备保护投入软压板1KLP6，并检查。

（8）投入1号变压器保护（一）跳1号变压器220kV开关跳闸出口GOOSE软压板1TLP1，并检查。

（9）投入1号变压器保护（一）跳1号变压器110kV开关跳闸出口GOOSE软压板1TLP2，并检查。

（10）投入1号变压器保护（一）跳110kVⅠ～Ⅱ段母分开关出口GOOSE软压板1TLP3，并检查。

（11）投入1号变压器保护（一）跳1号变压器10kV开关跳闸出口GOOSE软压板1TLP4，并检查。

（12）投入1号变压器保护（一）闭锁10kV备自投出口GOOSE软压板1TLP5，并检查。

（13）投入1号变压器保护（一）跳10kVⅠ～Ⅱ段母分开关出口GOOSE软压板1TLP6，并检查。

（14）投入1号变压器保护（一）失灵启动220kV第一套母差GOOSE软压板1SLP1，并检查。

（15）投入1号变压器保护（一）失灵联跳GOOSE软压板1SLP2，并检查。运维及检修人员于1号变压器第一套保护监控后台操作软压板如图3－4所示。

图3－4　运维及检修人员于1号变压器第一套保护监控后台操作软压板

5. 停用1号变压器差动保护

操作内容：

（1）取下1号变压器差动保护跳××1237城中支线开关出口压板1LP4，并检查。

（2）取下1号变压器差动保护跳110kV母分开关出口压板1LP6，并检查。

（3）取下1号变压器差动保护跳1号变压器10kV开关出口压板1LP5，并检查。

（4）取下1号变压器差动保护闭锁110kV备自投压板1LP7，并检查。

（5）取下1号变压器差动保护投入压板1LP1，并检查。

6. 投入1号变压器差动保护

操作内容：

（1）检查1号变压器差动保护装置界面显示正常，确无告警信号。

（2）放上1号变压器差动保护投入压板1LP1，并检查。

（3）测量1号变压器差动保护跳1号变压器10kV开关出口压板1LP5两端确无电压，并放上。

（4）测量1号变压器差动保护跳110kV母分开关出口压板1LP6两端确无电压，并放上。

（5）测量1号变压器差动保护跳××1237城中支线开关出口压板1LP4两端确无电压，并放上。

（6）测量1号变压器差动保护闭锁110kV备自投压板1LP7两端确无电压，并放上。

7. 停用1号变压器110kV复压闭锁过电流保护

操作内容：

（1）取下1号变压器高后备保护跳××1237城中支线开关出口压板31LP6，并检查。

（2）取下1号变压器高后备保护跳110kV母分开关出口压板31LP8，并检查。

（3）取下1号变压器高后备保护跳1号变压器10kV开关出口压板31LP7，并检查。

（4）取下1号变压器高后备保护闭锁110kV备自投压板31LP9，并检查。

（5）取下1号变压器110kV复合电压闭锁过电流保护投入压板31LP1，并检查。

8. 投入1号变压器110kV复压闭锁过电流保护

操作内容：

（1）放上1号变压器110kV复合电压闭锁过电流保护投入压板31LP1，并检查。

（2）测量1号变压器高后备保护跳1号变压器10kV开关出口压板31LP7两端确无电压，并放上。

（3）测量1号变压器高后备保护跳110kV母分开关出口压板31LP8两端确无电压，并放上。

（4）测量1号变压器高后备保护跳××1237城中支线开关出口压板31LP6两端确无电压，并放上。

（5）测量1号变压器高后备保护闭锁110kV备自投压板31LP9两端确无电压，并放上。

9. 停用1号变压器第一套保护

操作内容：

（1）执行停用1号变压器第一套保护程序化操作任务。

（2）退出1号变压器第一套保护跳××1386线开关GOOSE出口软压板RG1－1，并检查。

（3）退出1号变压器第一套保护跳110kV母分开关GOOSE出口软压板RG1－2，并检查。

（4）退出1号变压器第一套保护跳1号变压器10kV开关GOOSE出口软压板RG1－3，并检查。

（5）退出1号变压器第一套保护闭锁110kV备自投GOOSE出口软压板RG1－4，并检查。

（6）退出1号变压器第一套保护闭锁10kVⅠ～Ⅱ段母分备自投GOOSE出口软压板

RG1－5，并检查。

（7）退出1号变压器第一套差动保护投入软压板RT1－1，并检查。

（8）退出1号变压器第一套110kV复压闭锁过电流保护投入软压板RT1－2，并检查。

（9）退出1号变压器第一套10kV复压闭锁过电流保护投入软压板RT1－3，并检查。

（10）检查1号变压器第一套保护确在停用状态。

10. 投入1号变压器第一套保护

操作内容：

（1）检查1号变压器第一套保护确在停用状态，装置界面显示正常，确无告警信号。

（2）执行投入1号变压器第一套保护程序化操作任务。

（3）投入1号变压器第一套差动保护投入软压板RT1－1，并检查。

（4）投入1号变压器第一套110kV复压闭锁过电流保护投入软压板RT1－2，并检查。

（5）投入1号变压器第一套10kV复压闭锁过电流保护投入软压板RT1－3，并检查。

（6）投入1号变压器第一套保护跳烟秦1386线开关GOOSE出口软压板RG1－1，并检查。

（7）投入1号变压器第一套保护跳110kV母分开关GOOSE出口软压板RG1－2，并检查。

（8）投入1号变压器第一套保护跳1号变压器10kV开关GOOSE出口软压板RG1－3，并检查。

（9）投入1号变压器第一套保护闭锁110kV备自投GOOSE出口软压板RG1－4，并检查。

（10）投入1号变压器第一套保护闭锁10kVⅠ～Ⅱ段母分备自投GOOSE出口软压板RG1－5，并检查。

（11）检查1号变压器第一套保护确在投入状态。

四、变压器保护的定期校验（以RCS－978为例）

（一）前期准备

准备工作如下：

（1）根据工作任务，分析设备现状，明确检验项目，编制检验工作安全措施及作业指导书，熟悉图纸资料及上一次的定检报告，确定重点检验项目。

（2）检查并落实检验所需材料、工器具、劳动防护用品等是否齐全合格，检验所需设备材料齐全完备。

（3）班长根据工作需要和人员精神状态确定工作负责人和工作班成员，组织学习《电业安全工作规程》、现场安全措施和本标准作业指导书，全体人员应明确工作目标及安全措施。

检验工器具及材料：继电保护微机试验仪及测试线、万用表、摇表、钳形相位表等、电源盘（带漏电保护器）、安全带、绝缘梯、绝缘绳等；电源插件、绝缘胶布。

图纸资料：与实际状况一致的图纸、最新定值通知单、装置资料及说明书、上次检

验报告、作业指导书、检验规程。

（二）运行安措（状态交接卡）

（1）误走错间隔，误碰运行设备检查在变压器保护屏前后应有“在此工作”标示牌，相邻运行屏悬挂红布幔。

（2）同屏运行设备和检修设备应相互隔离，用红布幔包住运行设备（包括端子排、压板、把手、空气开关等）。

（3）对安全距离不满足要求的为停电设备，应装设临时遮拦，严禁跨越围栏，越过围栏，易发生人员触电事故现场设专人监护。

（4）工作不慎引起交、直流回路故障工作中应使用带绝缘手柄的工具。拆动二次线时应作绝缘处理并固定，防止直流接地或短路。

（5）电压反送、误向运行设备通电流试验前，应断开检修设备与运行设备相关联的电流、电压回路。

（6）检修中的临时改动，忘记恢复二次回路、保护压板、保护定值的临时改动要做好记录，坚持“谁拆除谁恢复”的原则。

（7）接、拆低压电源时、人身触电接拆电源时至少有两人执行，应在电源开关拉开的情况下进行。所使用电源应装有漏电保护器。禁止从运行设备上接取试验电源。

（8）攀爬变压器时，高空作业易造成高空坠落等人身伤亡事故正确使用安全带，并做好现场监护。

（9）保护传动配合不当，易造成人员伤害及设备事故传动时应征求工作总负责人、值班负责人同意，并设专人现场监护。

（10）联跳回路未断开，误跳运行开关核实被检验装置及其相邻的二次设备情况，与运行设备关联部分的详细情况，制定技术措施，防止误跳其他开关（误跳母联、旁路、分段开关，误启动失灵保护）。

（11）旁路 TA 回路开路（误开旁路转代用 TA 试验端子造成 TA 开路）检查旁路 TA 回路时切勿开路并做明显标记。

（三）调试

1. 试验注意事项

（1）进入工作现场，必须正确穿戴和使用劳动保护用品。

（2）按工作票检查一次设备运行情况和措施、被试保护屏上的运行设备。

（3）工作时应加强监护，防止误入运行间隔。

（4）检查运行人员所做安全措施是否正确、足够。

（5）检查所有压板位置，并做好记录。

（6）检查所有把手及空气开关位置，并做好记录。

（7）电流回路外侧先短接，再将电流划片划开；将电压回路划片划开，并用绝缘胶布包好。

（8）控制回路、联跳和失灵（运行设备）回路应拆除外接线并用绝缘胶布封好，对应压板退出，并用绝缘胶布封好。

（9）拆除信号回路、故障录波回路公共端外接线并用绝缘胶布封好。

（10）保护装置外壳与试验仪器必须同点可靠接地，以防止试验过程中损坏保护装置的元件。

（11）使用三相对称和波形良好的工频试验电源。

（12）检查实际接线与图纸是否一致，如发现不一致，应以实际接线为准，并及时向专业技术人员汇报。

2. 交流回路校验

（1）零漂检验。进行本项目检验时要求保护装置不输入交流量，装置各路模拟量输入端子均与二次回路隔离。检验零漂时，要求在一段时间（几分钟）内零漂值稳定在 $0.01I_N$（或 0.05V）以内。

（2）模拟量输入的幅值及线性度特性检验。在保护屏端子排上同时加某侧三相电压和三相电流，进入主菜单选“保护状态”菜单查看采样值。调整输入交流电压分别为 5、30、60V，电流分别为 $0.1I_N$、$1I_N$、$5I_N$，要求保护装置的采样显示值与外部表计测量值的误差应小于 5%。

（3）模拟量输入的相位特性检验。在保护屏端子排上同时加某侧三相电压和三相电流，记录相角测量值，要求误差不大于 3°。

3. 开入/开出量检验

首先确定各开入回路正常，正、负 24V 电源已经接入，按照工程图纸逐一测试开入回路。装置直流工作电源电压为 80%额定电压值下进行开出量检验。部分检验时，在正常直流电压下进行检验，可以根据具体图纸要求检查。

投入主保护压板或各侧后备保护压板，模拟区内故障，相应的跳闸触点应动作，跳闸信号灯点亮，无关触点应不动作。

装置出现告警信号时，报警信号灯点亮，报警触点导通；装置未上电或闭锁时，运行灯熄灭，闭锁信号触点应接通。

4. 保护功能检查

（1）试验前准备。合上打印机电源，装置电源开关，装置运行灯亮，报警信号灯不亮，表示装置正在运行，可以进行以下试验。

（2）纵差差动元件。投入变压器主保护硬压板和软压板；“TA 断线闭锁比率差动”置“0”。

1）启动电流。以启动报文为监测内容，仅在一侧通入三相试验电流，通过装置菜单记录保护差动电流，分别测试高压侧、中压侧和低压侧的启动电流，测量值与整定误差不应超过 5%。

2）比率制动特性检查。RCS－978 变压器差动保护，对于 Y_0 侧接地系统，装置采用 Y_0 侧零序电流补偿，Δ 侧电流相位校正的方法实现差动保护电流平衡。

3）二次谐波制动试验。电流回路加入基波电流分量，使差动保护可靠动作（此电流

不可过小，因小值时基波电流本身误差会偏大）。再叠加二次谐波电流分量，从大于定值减小到使差动保护动作。最好单侧单相叠加，因多相叠加时不同相中的二次谐波会相互影响，不易确定差流中的二次谐波含量。

试验接线同上，以任意一侧跳闸出口触点为监测点，出口动作时分别读取基波和二次谐波的动作值。误差应不大于 5%。

4）差动速断检查。以任意一侧跳闸出口触点为监测点，仅在一侧通入三相试验电流。分别测试高压侧、中压侧和低压侧的差动速断动作电流和动作时间。在 1.5 倍定值时，测试动作时间，要求差动速断保护出口时间应少于 30ms。

测量值与整定误差不应超过 5%。

5）差动回路异常告警。通入差动回路电流，使得差动电流大于报警定值而小于差动启动定值，装置发差动回路异常信号，当电流恢复正常时，该信号自动返回。

6）TA 断线。TA 断线闭锁可通过控制字来实现投退；投入时，TA 断线情况下差动保护（差动电流小于 1.2 倍额定电流）被闭锁，不会跳闸出口，同时装置应发 TA 断线信号。退出时，同样情况下差动保护应能可靠出口跳闸和发信，同时装置仍应能发出 TA 断线信号作为提示信息。

（3）复合电压闭锁方向过电流保护（以高压侧为例）。

1）电流动作值测试：将需要测试的过电流保护动作时间整定为 0。在高压侧加入单相电流和电压并满足复压和方向元件动作条件，检查该套保护的出口继电器触点动作情况和对应控制字的投退功能。

2）延时测试：在高压侧加入单相电流和电压并满足复压和方向元件动作条件，加入电流（应超过电流定值的 1.2 倍）使保护动作，时间误差应满足要求。

3）复合电压闭锁元件测试：因为复合电压元件和复合电压闭锁过电流保护公用，此处不必再测量，只需验证逻辑。

4）方向元件测试：通过装置菜单观察相位夹角，加入相应的电流和电压，监视对应功率方向显示是否与输入情况一致。调节电流相位，方向显示应跟踪变化。试验时按照所用调试仪器的移相方法，固定电压相位，改变电流相位。本装置取本侧的电流和本侧的正序电压判别方向。

延时设为 0s，加入高压侧电流和电压，设定电压相位角为 0°，改变电流相位角从 0°～360°，通过监视动作结果标志来测出单独方向元件的电流角度范围。调节电流电压使过电流元件和复合电压元件处于动作状态，通过改变电流电压的相角，监视信号和出口继电器的动作和返回测出整个方向过电流保护动作的电流角范围。

（4）复合电压闭锁过电流保护（以高压侧为例）。

1）投入变压器高压侧后备保护硬压板和软压板及复合电压闭锁过电流保护控制字；其他保护均退出。

2）电流动作值测试：将需要测试的过电流保护动作时间整定为 0。在高压侧加入单相电流和电压并满足复压和方向元件动作条件，检查该套保护的出口继电器触点动作情况和对应控制字的投退功能。

3）延时测试：在高压侧加入单相电流和电压并满足复压和方向元件动作条件，加入电流（应超过电流定值的 1.2 倍）使保护动作，时间误差应满足要求。

4）复合电压闭锁元件测试：退出中、低压侧电压投入压板，此时复压元件仅经过本侧复压闭锁。

高压侧负序电压元件动作值检查：延时设为 0s，在高压侧加入三相正序电压，加入单相电流并大于整定值，监视动作触点，降低某相电压，最终使保护动作，记录此时的电压值，并计算出此时的负序电压的大小，即为负序电压元件的动作值。

高压侧低电压元件动作值检查：延时设为 0s，在高压侧加入三相正序电压，加入单相电流并大于整定值，监视动作触点，再降低三相电压，使保护动作，读取 U_{AB}、U_{BC}、U_{CA} 中的最小线电压值，为低电压动作值，整定单中所给出的是线电压。

动作值和整定值的误差应不大于 5%。

同理可测试中压侧和低压侧复合电压方向闭锁的功能。

（5）过电流保护（以低压侧为例）。

1）投入变压器低压侧后备保护硬压板和软压板及过电流保护控制字；其他保护均退出。

2）电流动作值测试：将需要测试的过电流保护动作时间整定为 0。在低压侧加入单相电流满足动作条件，检查该套保护的出口继电器触点动作情况和对应控制字的投退功能。

3）延时测试：在低压侧加入电流（应超过电流定值的 1.2 倍）使保护动作，时间误差应满足要求。

（6）零序方向过电流保护（以高压侧为例）。

1）投入变压器高压侧后备保护硬压板和软压板及零序方向过电流保护控制字；其他保护均退出。

2）零序电流动作值测试：设定动作延时 0s，加入零序电压使方向元件动作（不小于 5V），从相应的端子上加入单相电流。检查出口继电器触点动作情况和对应压板和控制字的投退功能。

3）延时测试：加入单相电流、电压（应超过定值的 1.2 倍，并使其夹角等于最大灵敏角）使保护动作，测试动作时间。

4）零序方向测试：类似于过电流方向元件的试验，本装置取本侧的自产零序电流和自产零序电压判别方向，在相应的端子上输入单相电流电压，使零序过电流元件动作，改变电流和电压的夹角，测得动作区。

（7）零序过电流保护（以高压侧为例）。

1）投入变压器高压侧后备保护硬压板和软压板及零序过电流保护控制字；其他保护均退出。

2）零序电流动作值测试：设定动作延时 0s，从相应的端子上加入电流。检查出口继电器触点动作情况和对应压板和控制字的投退功能。

3）延时测试：加入电流（应超过定值的 1.2 倍）使保护动作，测试动作时间，时间

误差应满足要求。

（8）零序过电压保护（以高压侧为例）。

1）投入变压器高压侧后备保护硬压板和软压板及零序过电压保护控制字；其他保护均退出。

2）零序电压动作值测试：设定动作延时 0s，从相应的端子上加入电压。检查出口继电器触点动作情况和对应压板和控制字的投退功能。

3）延时测试：加入电压（应超过定值的 1.2 倍，若电流无定值则可不加）使保护动作，测试动作时间，时间误差应满足要求。

（9）间隙零序过电流保护（以高压侧为例）。

1）投入变压器高压侧后备保护硬压板和软压板及间隙零序过电流保护控制字；其他保护均退出。

2）间隙零序电流动作值测试：设定动作延时 0s，从相应的端子上加入电流。检查出口继电器触点动作情况和对应压板和控制字的投退功能。

3）延时测试：加入电流（应超过定值的 1.2 倍）使保护动作，测试动作时间，时间误差应满足要求。

（10）失灵联跳功能。

1）投入变压器高压侧后备保护硬压板和软压板及失灵联跳控制字。

2）动作值测试：在接入失灵联跳开入后，测试失灵联跳功能的电流判据定值，即相电流大于 $1.1I_N$，或零序电流大于 $0.1I_N$，或负序电流大于 $0.1I_N$。电流突变量判据为暂态判据，只需定性测试。

（11）限时速断过电流保护。

1）投入变压器中压侧后备保护硬压板和软压板及限时速断过电流保护控制字；其他保护均退出。

2）动作值测试：设定动作延时 0s，从相应的端子上加入电流。检查出口继电器触点动作情况和对应压板和控制字的投退功能。

3）延时测试：加入电流（应超过定值的 1.2 倍）使保护动作，测试动作时间，时间误差应满足要求。

（12）过载保护（以高压侧为例）。

过负荷的动作判据为：本侧的某相电流大于过载的电流定值，发出过载信号。

1）电流动作值测试：加入电流使保护动作。检查过载信号继电器触点动作情况。

2）延时测试：加入电流（应超过电流定值的 1.2 倍）使保护动作，测试动作时间，时间误差应满足要求。

（13）TV 断线保护（以高压侧为例）。

1）报警功能测试：加入高压侧三相正序电压，然后断开其中一相，装置发 TV 断线报警信号。

2）延时测试：加入三相正序电压，然后断开其中一相，测试报警时间，时间误差应满足要求。

（14）TA 断线保护。

1）报警功能测试：任选两侧各加入三相电流，并使得差动电流平衡，然后断开其中一侧的某一相，装置发 TA 断线报警信号。

2）延时测试：任选两侧各加入三相电流，并使得差动电流平衡，然后断开其中一侧的某一相，测试报警时间，时间误差应满足要求。

5. 二次回路检验

（1）二次回路外观检查。

1）检查二次回路接线，如发现图纸与实际不符，应查线核对，如有问题，应查明原因，并经管辖继电保护机构确认后，按正确接线修改更正，然后记录修改理由和日期，严禁擅自修改图纸或现场接线。

2）对回路的所有部件进行检查、清扫，包括与本设备有关的就地控制箱、端子箱、操作把手、按钮、插头、端子排、电缆、空气开关。

3）检查 TA、TV 二次回路有且只有一个接地点。TA 二次回路接线可靠，无开路。TV 二次回路接线可靠，无短路。

（2）二次回路绝缘检查。用 1000V 绝缘电阻表测量回路对地绝缘，绝缘电阻应大于 1.0MΩ。完成后恢复接地点。

（3）TA 通流试验、TV 升压试验。

1）TA 二次通流试验：在 TA 二次侧加三相电流，在保护屏上测量二次电流的幅值及相位应一致。注：要求通流前检查与 TA 本体明显断开。

2）TV 二次升压试验：在 TV 端部二次侧加三相电压，在保护屏上测量二次电压的幅值及相位应一致。注：要求加压前检查与 TV 本体明显断开。

3）工作绕组极性校验：用点极性法或短路试验方法确定 TA、TV 的极性。

（4）操作箱或操作继电器检验。

1）使用欧姆表测量线圈的直流电阻，其值和标称值及新安装时的测量值比较相差小于 10%。

2）动作电压、返回电压校验：测出继电器动作电压应小于 70%U_n，出口继电器动作值满足 $0.55U_n \leqslant U_{dz} \leqslant 0.7U_n$，要求继电器动作功率不小于 5W。继电器接点接触与返回均可靠，动作灵活，触点无烧损现象。

3）绝缘电阻测试：用 1000V 绝缘电阻表测量线圈之间、线圈与触点、触点之间，以及线圈、触点对支架（底座）的绝缘值，其值应大于 10MΩ。

6. 整组试验

（1）保护回路检查。检查保护开入信号正常；检查失灵联跳开入信号正确；模拟保护动作，检查至断路器回路正确。

（2）故障录波器、监控系统、保信系统的回路检查。模拟保护装置运行异常告警、保护装置故障告警、保护动作，检查保护至故障录波器、监控系统及保信系统的信号回路正确。

（3）断路器控制回路检查。

1）远方拉、合试验。断路器在检修或冷备状态下，远方拉、合开关正常。

2）断路器防跳功能检查。检查试验断路器防跳功能正常。

3）断路器合闸闭锁回路检查。根据图纸，检查断路器的各闭锁回路正常。

（4）整组动作时间测试。测量主保护从模拟故障至断路器跳闸回路的保护整组动作时间。分别模拟区内故障，通入1.2倍整定电流。试验中整组动作时间为保护动作时间、出口继电器固有动作时间和断路器固有动作时间之和。

7. 80%直流电源传动断路器试验

进行断路器传动试验前，控制室和开关站均应有专人监视，并应具备良好的通信联络设备，以便观察断路器和保护装置动作相别是否一致，监视监控装置的动作及声、光信号指示是否正确。若发生异常情况，应立即停止试验，在查明原因并改正后再继续进行。

新投产保护在传动开关试验过程中应对每块跳闸压板和相关的保护启动压板进行仔细核对，保证压板出线的正确性。

试验时应把保护屏的直流工作电源和相关开关直流控制电源接到80%直流额定电源下，进行开关的传动试验。

断路器传动试验应在保证检验质量的前提下，尽可能减少断路器的动作次数。

8. 投运前定值与开入量的核查

装置在正常工作状态下，断、合一次直流电源，然后分别打印出各种实际运行方式可能用到的定值，与上级继电保护部门下发的整定单进行核对。

对装置的各开入量进行核对，确保装置内部开入量状态与实际位置保持一致。

9. 带负荷试验

按《继电保护及电网安全自动装置检验条例》的有关规定，除完成对电流互感器的极性及其二次电缆相别的检验外，还要完成对断路器及其操作回路的检验工作才能进行本试验。

所有接线应恢复至正常运行状态，尤其是电流回路不得开路。在新安装检验时，应采用外接相位表和装置内部显示互相校核的方式进行带负荷试验。

要求带负荷时最小负荷电流二次值应不小于$0.05I_N$。

（1）检验交流电压和电流的相位。分别以各侧的A相电压为基准，用相位表分别测量各侧电流和电压的相位关系。在进行相位检验时，根据实际负荷情况，核对交流电压和交流电流之间的相位关系。

（2）差流检查。保护装置在主菜单中，显示变压器三相差流的大小，差流大小仅供参考。

（3）功率方向检查。保护装置在液晶主界面中，显示各侧的功率方向。

10. 投运前定值与开入量的核查

装置在正常工作状态下，断、合一次直流电源，然后分别打印出各种实际运行方式可能用到的定值，与上级继电保护部门下发的整定单进行核对。

对装置的各开入量进行核对，确保装置内部开入量状态与实际位置保持一致。

（四）验收

按照二次工作安全措施票恢复安全措施，整理工作现场；与运行人员核对保护定值，保护本体/测控、后台是否存在报警信息，并进行开关传动实验，确保一、二次设备均符合投运要求，完成工作交接。

五、变压器保护的异常及处理

变压器保护由电气量和非电气量保护两部分组成，是能够反应变压器内部的绕组匝间短路、相间短路、接地短路和外部引出线短路故障，并快速准确地向断路器发出跳闸命令，使得故障变压器与主系统隔离，同时变压器各侧还配有后备保护，作为切除母线及出线上故障的总后备，故变压器保护的正确动作对电力系统的稳定运行起着十分重要的作用。

本章节主要讨论变压器保护几种常见的异常及处理，主要包括“控制回路断线”“TA断线”“TV 断线”“轻瓦斯动作”“运行指示灯熄灭”等几个常见的异常。

（一）控制回路断线

变压器间隔在正常运行时出现任一侧断路器“控制回路断线”信号时，表明当变压器保护范围内发生故障时，变压器保护对该侧断路器发出的跳闸指令都不能得以执行，故障不能在最小范围内进行快速切除，引起越级切除故障，导致故障范围扩大。

一般情况下，引起断路器“控制回路断线”的主要原因有：① 直流控制电源失去，如直流控制回路空气开关跳开、直流控制熔丝熔断、控制回路接线端子松脱等；② SF_6 断路器的 SF_6 压力降低至闭锁值，导致断路器控制回路被闭锁；③ 液压操动机构的压力降低至闭锁值，导致断路器控制回路被闭锁；④ 断路器合闸线圈或跳闸线圈断线或烧损；⑤ 用于串接发信的跳合闸位置继电器误动等引起的误发信。

当发生断路器“控制回路断线”异常告警时，变电运检人员应即刻赶赴现场开展检查。迅速查明出现“控制回路断线”异常的断路器间隔，检查“控制回路断线”异常产生的原因，分析判断是否存在误发信的可能。运检人员在开展现场检查时，① 应结合监控告警信息分析引起“控制回路断线”的可能原因及范围；② 应结合对告警信息的分析，开展有针对性的现场检查；③ 应对现场检查情况进行详细记录；④ 应在现场检查发现异常原因后，根据规程要求，开展允许范围的自行处置工作；⑤ 应将现场检查及处置情况及时向相关调度及上级管理部门汇报。

当检查发现断路器直流控制回路空气开关跳开或者直流控制熔丝熔断，运检人员可以自行试合一次断路器直流控制回路空气开关或更换相应规格的直流控制熔丝，处理完毕正常后，应继续监视一段时间。

当检查发现 SF_6 断路器在监控告警信息中伴有“SF_6 压力闭锁”告警信息时，运检人员应现场检查断路器 SF_6 压力是否降低至闭锁值。若检查确认 SF_6 压力降低，若压力尚可且断路器无明显 SF_6 的泄漏现象，运检人员可开展带电补气，将 SF_6 压力补至合格范围，

后续加强对该断路器 SF_6 压力跟踪检查；若压力降低严重，并伴有泄漏或继续较快下降现象，运检人员应立即向相关调度及上级管理部门报告，断开该断路器控制电源，申请将该断路器停电处理；组织对该断路器进行检漏测试，查找漏气点，结合停电开展消缺工作；若 SF_6 气压正常，则应检查 SF_6 气体密度继电器是否误发信，若存在误发信情况，则安排计划停电更换气体密度继电器。

当检查发现断路器液压机构液压降低引起的“油压闭锁”“断路器分合闸闭锁”时，运检人员应检查机构油泵是否正确启动打压，若油泵启动正常，压力仍在下降，则立即汇报相关调度及上级管理部门，做好断路器防慢分措施，安排将该断路器停电进行处理；若机构液压压力正常，可判断为误发信，应对微动开关及压力闭锁继电器进行检查，如需更换则安排将该断路器停电处理。

断路器“控制回路断线”异常经常会由控制回路接线端子松动等原因引起，运检人员在检查中排除上述因素后，应对有关回路接线情况进行检查，发现松动及时紧固。

此外，断路器“控制回路断线”也会因测控装置故障引起，运检人员应根据故障现象正确判断，测控装置需要处理，应安排停电进行消缺。

（二）“TA 断线”分析

当变压器差动保护发生“TA 断线”时，由于变压器差动保护是反应各变压器侧单元 TA 二次电流的失量和，所以一旦发生 TA 断线告警，将立即闭锁变压器差动保护，防止变压器差动保护误动，因此变压器在发生区内短路故障时，将失去主保护，延长故障切除时间，甚至损坏电气设备使故障范围扩大。

当变压器后备保护发生“TA 断线”时，变压器后备保护将因此而拒动。

引起“TA 断线”的原因主要有：① 变压器任一侧电流互感器本身发生故障或二次开路；② 接入变压器差动保护的 TA 次级绕组出现断线开路；③ 变压器保护二次电流输入回路接线端子松动；④ 变压器保护装置开入插件发生故障；⑤ 装置误发信。

当变压器保护发生“TA 断线”异常时，变电运检人员应即刻赶赴现场开展检查。迅速查明出现“TA 断线”异常的变压器保护，检查“TA 断线”异常产生的原因，分析判断是否存在误发信的可能。运检人员在现场检查时，应做好个人安全防护，防止因 TA 二次开路危及人身及设备的安全。

当变压器差动保护发生“TA 断线”异常时，运检人员应对变压器差动保护差流情况开展检查，记录差流数据，若存在差流异常时，应向相关调度申请差动保护改信号；差动保护改信号后，运检人员应对差动保护各侧输入电流进行检查，检查中发现某侧电流异常，则可能是该侧电流回路存在异常；检查中可通过电流检测、红外测温、声音及气味辨识等方法，判断电流回路是否有发热、放电现象；若未发现保护电流回路有明显的异常现象，则可以判断“TA 断线”是由保护装置内部故障引起的。

若变压器某一侧 TA 二次电流回路存在开路现象需要停电进行进一步检查的，则向相关调度申请将该侧开关改冷备用后进行；若由保护装置内部原因引起的，可向相关调度申请将该套变压器保护改信号后，做进一步检查；若由电流互感器、变压器保护需要更换，或者二次回路需要整治时，可申请将变压器停电进行处理。

当运检人员检查发现原因后，在对异常处理后若需要变压器保护进行冲击试验或带负荷试验时，应向相关调度申请冲击试验及带负荷试验。

（三）“TV 断线”分析

变压器后备保护中的方向元件及复合电压闭锁元件需要采集电压量，当变压器保护在正常运行过程中出现异常告警时，则表示变压器保护采集的电压量可能出现了缺相或三相电压消失。“TV 断线”将导致变压器后备保护失去方向判别，当发生区外故障时可能会导致变压器后备保护误动作；此外，“TV 断线”将引起变压器后备保护电压闭锁开放，增加了变压器后备保护误动的可能性。

运检人员现场检查时应通过对监控告警信息、保护装置告警信息、现场目测现象、气味及电压测量综合判断，确定“TV 断线”异常产生的原因，针对性开展处理。

一般来说，变压器保护“TV 断线”的原因主要有：① 电压互感器次级保护电压空气开关跳开或熔断器熔断；② 变压器保护屏上的保护交流电压空气开关跳开；③ 保护电压切换不到位或切换回路发生故障；④ 变压器保护装置采样插件发生故障；⑤ 变压器保护二次电压输入回路接线端子松动。

当变压器保护发生“TV 断线”异常时，变电运检人员应即刻赶赴现场开展检查。迅速查明出现“TV 断线”异常的变压器保护，检查“TV 断线”异常产生的原因，分析判断是否存在误发信的可能。运检人员在现场检查时，应做好个人安全防护，防止发生 TV 二次短路或接地。

当变压器保护发生“TV 断线”异常时，若是由电压互感器次级保护电压空气开关跳开或熔断器熔断所引起，变电运检人员应试合一次跳开的保护电压空气开关或者更换相同型号规格的熔断器，处理完成后若保护“TV 断线”异常信号复归，变电运检人员应继续加强观察一段时间，确认异常消除后向相关调度及上级管理部门汇报；若保护电压空气开关试合失败或熔丝更换再次熔断，此时应向相关调度汇报，申请调整变压器运行方式，然后查明电压互感器二次回路故障原因，并向相关调度及管理部门汇报。

当变压器保护发生“TV 断线”异常时，若是由于变压器保护屏上的保护交流电压空气开关跳开所引起，变电运检人员应试合一次跳开的保护电压空气开关，若试合成功保护“TV 断线”异常信号复归，变电运检人员应继续加强观察一段时间，确认异常消除后向相关调度及上级管理部门汇报；若保护电压空气开关试合失败，此时应向相关调度汇报，申请将该套变压器保护改信号，然后查明该套保护电压二次回路故障原因，并向相关调度及管理部门汇报。

当变压器保护发生“TV 断线”异常时，若是由于保护电压切换不到位或切换回路发生故障所引起，变电运检人员应检查隔离开关辅助触点的切换情况，及时将辅助触点切换位置调整到位，或者调整至切换正常的备用辅助触点；若为切换继电器等发生故障导致，则应向相关调度汇报，申请将该套变压器保护改信号，必要时可申请将变压器改冷备用，然后查明该套保护电压二次回路故障原因，并向相关调度及管理部门汇报。

当变压器保护发生“TV断线”异常时，若是由于变压器保护装置采样插件发生故障所引起，变电运检人员现场检查未发现其他异常时，则应向相关调度汇报及管理部门，申请将该套变压器保护改信号，更换采样插件并加量试验正确。

当变压器保护发生“TV断线”异常时，变电运检人员现场检查未发现上述及其他异常时，可判断是由于变压器保护二次电压输入回路接线端子松动引起，此时应对电压回路电压情况逐段测量，将疑是回路端子逐个进行检查，发现松动立即紧固，直至异常消失。在进行电压二次回路检查时，运检人员可向调度申请将该套变压器保护改信号。

（四）运行中变压器本体轻瓦斯动作

在变压器保护中，本体瓦斯保护是主保护之一，属于非电气量保护，本体瓦斯保护主要作为变压器本体油箱内发生各类故障时的保护。变压器后备保护本体瓦斯保护是通过判断变压器油箱内部故障对油箱内油产生的油流变化、油的气体析出的原理而动作。变压器本体瓦斯保护能反映变压器内部轻微故障或异常情况，可在故障未发展严重前及时反映变压器存在的内部故障。

变压器本体瓦斯动作分为两部分：一是轻瓦斯动作，动作后作用于发信；二是重瓦斯动作，动作后跳开变压器各侧断路器，并发信。变压器油箱内部一旦出现故障或异常情况，通常是由轻瓦斯率先动作发信，在故障进一步发展后再由重瓦斯动作去跳闸。

变压器本体轻瓦斯动作主要原因有：① 变压器本体油箱内部发生绕组短路、匝间短路或接地故障；② 变压器本体油箱内部出现铁芯故障、轻微放电等异常情况；③ 变压器本体油箱内部发生异常过热现象；④ 变压器本体油箱内部因密封不良或箱体渗漏等原因进入空气；⑤ 变压器本体油箱因温度下降和漏油等原因致使变压器本体油位降低；⑥ 变压器本体瓦斯保护因信号回路出现故障而导致误发信。

当变压器本体轻瓦斯动作发信时，运检人员应立即赶赴现场开展检查，检查应通过视觉观察、听觉辨识、嗅觉判断、告警信号分析等办法，确定变压器本体轻瓦斯是否动作，对变压器是否发生本体内部故障迅速做出初步判断，并将检查情况汇报相关调度及上级管理部门。

当运检人员现场检查发现变压器本体轻瓦斯确已动作，瓦斯继电器内有气体，并且伴随变压器油箱内部有异常放电声响时，应立即汇报相关调度及管理部门，申请将变压器停电检查处理。

当运检人员现场检查发现变压器本体轻瓦斯确已动作，瓦斯继电器内有气体，但变压器油箱内部无异常声响。此时，运检人员应及时收集气体进行分析，并记录气量。收集气体可用排水法或注射法，同时收集两支气体样品，一支做油色谱分析，另一支做可燃性试验。

气体油色谱分析，根据分析情况可参考如下判断：① 气体中含有总烃较高，C_2H_2 小于 5×10^{-6}，可能是由于一般过热性故障引起，此时可结合变压器负载、绕组温度、上层油温综合分析，申请降低变压器负载，通过调整变压器冷却器运行方式等措施加快变压器的散热，继续做好变压器运行监视，定期开展油色谱测试，根据监视及测试情况分析变压器能否继续长期运行；② 气体中含有总烃不高，C_2H_2 大于 5×10^{-6}，但未构成总烃的主要成分，气体中 H_2 成分较高，可能是由于严重过热性故障引起，此时可结合变压器负载、绕组温度、上层油温综合分析，必要时申请变压器停电检查；③ 气体中含有总烃，总烃含量不高，H_2 大于 100×10^{-6}，CH 占总烃的主要成分，可认为变压器内部有局部放电现象，需要申请变压器停电检查；④ 气体中总烃含量高，C_2H_2 高并构成总烃的主要成分，H_2 高，可认为变压器内部有电弧放电现象，需要申请变压器停电检查。

气体可燃性试验，可通过以下方法判断：① 当气体颜色为黄色并且不易燃时，可判断为变压器内部木质部分存在故障，应申请将变压器停电检查处理；② 当气体颜色为淡灰色伴有强烈臭味并且气体可燃时，可判断为变压器内部纸质部分存在故障，应申请将变压器停电检查处理；③ 当气体颜色为灰色或黑色并且气体可燃时，可判断为变压器内部油过热分解，应申请将变压器停电检查处理；④ 当气体颜色为白色伴有强烈气味并且气体不易燃时，可判断为变压器内部绝缘材料损坏，应申请将变压器停电检查处理；⑤ 当气体颜色为无色、无臭并且气体不可燃时，可判断为变压器内部侵入空气，此时变压器可以继续运行，但应查明空气侵入的原因，及时处理。

当变压器本体轻瓦斯动作，初步判断变压器本体可能存在空气侵入现象，运检人员应检查变压器是否有因漏油导致变压器油位降低，若发现变压器存在漏油现象应及时消除漏油缺陷，并且对变压器进行补油，运检人员应开启变压器本体瓦斯继电器的放气阀排出瓦斯继电器内的空气；若因不明原因的空气侵入，或因变压器油内剩余空气析出而动作，运检人员应开启变压器本体瓦斯继电器的放气阀排出瓦斯继电器内的空气。上述情况均需加强变压器瓦斯继电器气体积聚的跟踪监视，注意本体轻瓦斯信号动作间隔时间，若间隔时间在缩短，此时严禁将变压器本体重瓦斯改为信号，应确保投入跳闸，并将情况汇报上级相关部门。

当变压器本体轻瓦斯信号动作，但运检人员现场检查瓦斯继电器内无气体且充满油，则可以判断为误发信。此时，运检人员可向相关调度申请将变压器本体重瓦斯保护改信号，变压器本体重瓦斯保护改信号时应确保变压器差动保护投入跳闸。在变压器本体重瓦斯改信号后，运检人员应检查：① 变压器本体瓦斯继电器是否有进入雨水且触点受潮现象；② 变压器本体瓦斯保护二次回路是否存在直流接地或二次信号电缆是否绝缘受损；③ 变压器本体轻瓦斯保护动作信号继电器是否故障；④ 监控告警信号点位关联是否存在错误。

（五）运行中的变压器保护“运行指示灯熄灭”

运行中的变压器保护“运行指示灯熄灭”，则表示该变压器保护装置已退出运行，保护功能已经失去，在发生变压器故障时，该变压器保护装置无法正确动作。

当运行中的变压器保护“运行指示灯熄灭”时，运检人员应迅速赶赴现场检查确认，结合监控告警信息、变压器保护指示灯、变压器保护装置面板的现象，若确认变压器保护装置运行指示灯已熄灭，并且保护装置面板无显示时，应立即汇报相关调度申请将该变压器保护改信号，并报告上级管理部门，保护停用后，即刻开展现场检查和处理。

运行中的变压器保护出现“运行指示灯熄灭”的原因一般有：① 变压器保护装置直流电源空气开关跳开，或直流电源回路出现断线及直流端子松动导致直流电源消失；② 变压器保护装置电源模块故障或损坏；③ 变压器保护装置出现严重内部故障。

当发生运行中的变压器保护“运行指示灯熄灭”异常时，运检人员在现场处理过程中应注意：若变压器差动保护和变压器高、低压侧后备保护为一体化装置时，运检人员在向调度申请保护改信号时，应申请将该套变压器保护全部改信号，此时应确保另一套完整的变压器保护在运行中，否则应申请将变压器停电进行处理；若变压器差动保护和变压器高、低压侧后备保护装置各自独立，运检人员现场检查确认是某一保护装置运行指示灯熄灭时，应向调度申请将该保护改为信号，其他保护可不退出运行；若变压器差动保护和变压器高、低压侧后备保护装置虽然各自独立，但是却成套组屏，该保护屏上的保护装置电源共由同一直流电源空气开关下接入，当该直流电源空气开关及其下送回路故障时，则应申请将该套变压器保护全部改信号，此时应确保另一套完整的变压器保护在运行中，否则应申请将变压器停电进行处理。

当运行中的变压器保护出现“运行指示灯熄灭”，运检人员现场检查发现原因是由于变压器保护装置直流电源空气开关跳开，或直流电源回路出现断线及直流端子松动导致直流电源消失引起的，在将该变压器保护改为信号后，开展如下方法处理：① 运检人员现场检查未发现有其他异常情况时，可先将跳开的直流电源空气开关试合一次，若试合成功，运检人员应对变压器保护装置启动后进行检查，确认保护装置已经恢复正常运行，无任何异常告警信息；② 若运检人员试合跳开的直流电源空气开关失败，此时运检人员严禁再将该直流电源空气开关合上，必须查明原因，对该直流电源回路进行全面检查，查找是否有短路或接地的现象，通过回路电阻测量、绝缘检测等方法，确定并消除故障，随后方能再次试合该直流电源空气开关；③ 若变压器保护直流电源空气开关并未跳开，但现场检查进入该装置直流电源无压，运检人员应对该直流电源回路进行分段测量电压，查找直流电源无压原因，判断是否因直流电源回路出现断线及直流端子松动导致直流电源消失，若为断线引起，可查找该回路是否有可利用的电缆备用芯进行更换，或者将该断线部位通过在端子排加短接线跨接，若是由于端子松动引起，则将松动端子进行紧固；④ 上述异常情况处理完毕后，保护装置若带电运行正常，运检人员仍然需要继续监视一段时间，确认无其他异常后，方可向调度申请将变压器保护改为跳闸状态。

当运行中的变压器保护出现“运行指示灯熄灭”，运检人员现场检查发现变压器保护装置有异常气味时，现场检查判断可能由变压器保护装置电源模块故障或损坏引起，应暂时不将变压器保护直流电源空气开关试合，先对变压器保护装置电源模块插件及保护插件进行详细检查，若确认为电源模块故障或损坏引起，则应选用相同型号、规格的电源模块进行更换，更换完成确认无其他异常后，再将变压器保护直流电源空气开关进行试合，试合正常后运检人员仍然需要继续监视一段时间，确认无其他异常后，方可向调度申请将变压器保护改为跳闸状态。

当运行中的变压器保护出现“运行指示灯熄灭”，运检人员现场检查发现是由于变压器保护装置出现严重内部故障所引起，此时应汇报上级部门申请更换变压器保护装置，并向相关调度申请将变压器改为冷备用状态，在该变压器保护装置更换后，输入保护定值进行保护传动试验，试验正确后汇报调度申请变压器保护改为跳闸、变压器改为运行；变压器保护装置更换应结合实际，必要时在变压器改为运行后，需将新更换的变压器保护进行带负荷试验后，方可改为跳闸状态。

六、变压器保护的验收

（一）安装工艺验收

（1）屏柜外观检查：装置型号正确，装置外观良好，面板指示灯显示正常，切换断路器及复归按钮开入正常。保护屏前后都应有标志，屏内标识齐全、正确，与图纸和现场运行规范相符，防火封堵正常。屏柜附件安装正确（门开合正常、照明、加热设备安装正常，标注清晰）。图 3－5 所示为运维及检修人员在保护屏前检查屏柜外观及保护型号。

（2）二次电缆检查：电缆型号和规格必须满足设计和反措的要求。电缆及通信联网线标牌齐全正确、字迹清晰，不易褪色，须有电缆编号、芯数、截面及起点和终点命名。所有电缆应采用屏蔽电缆，断路器场至保护室的电缆应采用铠装屏蔽电缆。电缆屏蔽层接地按反措要求可靠连接在接地铜排上，接地线截面≥4mm²。端子箱与保护屏内电缆孔及其他孔洞应可靠封堵，满足防雨防潮要求。

（3）二次接线检查：回路编号齐全正确、字迹清晰，不易褪色。正负电源间至少隔一个空端子，每个端子最多只能并接二芯，严禁不同截面的二芯直接并接。跳、合闸出口端子间应有空端子隔开，在跳、合闸端子的上下方不应设置正电源端子，端子排及装置背板二次接线应牢固可靠，无松动。加热器与二次电缆应有一定间距。图 3－6 所示为运维和检修人员检查二次接线。

图 3－5　运维及检修人员在保护屏前检查屏柜外观及保护型号

图 3－6　运维和检修人员检查二次接线

（4）抗干扰接地：保护屏内必须有≥100mm² 接地铜排，所有要求接地的接地点应与接地铜排可靠连接，并用截面≥50mm² 多股铜线和二次等电位地网直接连通。对于不经

附加判据直接跳闸的非电量回路，当二次电缆超过 300m 宜采用大功率继电器跳闸，并有抗 220V 工频干扰的能力。

（5）连接片：连接片应开口向上，相邻间距足够，保证在操作时不会触碰到相邻连接片或继电器外壳，穿过保护柜（屏）的连接片导杆必须有绝缘套，屏后必须用弹簧垫圈紧固，跳闸线圈侧应接在出口连接片上端。

（二）交直流电源验收

（1）直流电源独立性检查：保护装置的直流电源和断路器控制回路的直流电源，应分别由专用的直流电源空气开关（熔断器）供电，并且从保护电源到保护装置到出口必须采用同一段直流电源。当直流电源空气开关有两组跳闸线圈时，其每一跳闸回路应分别由专用的直流电源空气开关（熔断器）供电，且应接于不同段的直流小母线。

（2）空气开关配置原则检查：保护装置交流电压空气开关要求采用 B02 型，保护装置电源空气开关要求采用 B 型并按相应要求配置。

（3）失电告警检查：当任一直流电源空气开关断开造成保护、控制直流电源失电时，都必须有直流断电或装置异常告警，并有一路自保持接点，两路不自保持触点。

（4）开入电源检查：保护装置的 24V 开入电源不应引出保护室。

（三）保护装置验收

（1）铭牌及软件版本检查：装置铭牌与设计一致，装置软件版本与整定单一致。

（2）变压器接线方式检查：整定单及保护装置内变压器接线方式设置应与变压器实际接线方式一致。

（3）双重化配置检查：双重化配置的变压器保护宜取自不同的 TA、TV 二次绕组，保护及其控制电源应满足双重化配置要求，每套保护从保护电源到保护装置到出口必须采用同一组直流电源；两套保护装置及回路之间应完全独立，不应该有直接电气联系。

（4）模数采样值检查：正常工况下电流电压采样值检查，各通道接线符合设计要求，幅值、相位正确，精度误差符合规程要求。

（5）开入量检查：模拟实际动作触点检查保护装置各开入量的正确性，部分不能实际模拟动作情况的开入触点可用短接动作触点方式进行。

（6）时钟同步装置：装置已接入同步时钟信号，并对时准确。

（7）逻辑功能检查：同类型同版本装置中随机抽取一套，根据装置校验规程进行全部校验并形成首次校验报告；具有可编程逻辑的保护装置，则应逐套校验。变压器动作启动失灵功能，保护与 220kV 母差保护配合功能应符合相关技术规范要求。

（8）出口继电器检查：出口电压、电流继电器应检查动作值和返回值并符合规程要求。

（9）非电量保护检查：非电量回路经保护装置跳闸的（包括经保护逻辑出口的），有关触点均应经过动作功率大于 5W 的出口重动继电器，应检查该继电器的动作电压、动作功率并抽查动作时间符合反措要求。

（四）跳合闸回路验收

（1）跳合闸动作电流校核：在额定直流电压下进行试验，校核跳合闸回路的动作电流满足要求。

（2）动作相别一致性检查：在80%额定直流电压下进行试验，保护分相出口跳闸回路与断路器动作相别一致，动作正确，信号指示正常。

（3）直流电源一致性检查：分别拉开各侧断路器的各组控制电源，第一、二套保护跳闸出口与第一、二直流电源对应正确。

（4）对断路器的要求：三相不一致保护功能应由断路器本体机构实现，协助断路器专业测试动作时间，三相不一致时间整定符合相关要求。断路器防跳功能应由断路器本体机构实现。断路器跳、合闸压力异常闭锁功能应由断路器本体机构实现。

（5）保护出口回路检查：第一套保护动作跳220kV侧断路器第一组跳圈、跳110kV母联、跳110kV侧、跳35kV母分、跳35kV侧断路器。第二套保护动作跳220kV侧断路器第二组跳圈、跳110kV母联、跳110kV侧、跳35kV母分、跳35kV侧断路器。非电量保护动作跳220kV侧断路器第一组跳圈、跳110kV侧、跳35kV侧断路器。非电量保护动作跳220kV侧断路器第二组跳圈、跳110kV侧、跳35kV侧断路器。

（6）失灵回路检查：第一套保护动作启动第一套母差断路器失灵保护；第二套保护动作启动第二套母差断路器失灵保护。

（7）与220kV母差保护配合回路检查：启动220kV第一、二套母差保护；解锁220kV第一、二套母差保护复压闭锁。

（8）失灵联跳回路：220kV 第一、二套母差失灵保护动作延时联跳变压器三侧断路器。

（9）非电量跳闸（信号）回路检查：本体重（轻）瓦斯、压力释放、油温高、有载重（轻）瓦斯、冷却器全停等非电量跳闸及信号回路满足技术规范及设计要求，回路跳闸或发信动作正确。

（五）保护信息验收

（1）保护装置与后台及子站：保护装置与后台及子站整个物理链路及供给电源的标识应齐全、正确，与示意图相符，容易辨识。

（2）监控后台通信状态监视：监控后台相关保护通信状态正常。

（3）监控后台全部报文信息：协助自动化专业核对监控后台相关保护报文信息正确。

（4）保护信息子站：保护信息子站画面显示内容与实际相符，全部报文信息核对正确。

（5）监控后台光字：监控后台相关光字核对正确。

（6）保护远方操作功能：监控系统具备保护远方操作功能的，协助自动化专业核对其功能。

（7）变压器保护装置整组动作时间记录见表3－2；变压器保护装置出口继电器动作

值校验见表 3－3。

表 3－2　　变压器保护装置整组动作时间记录

序号	检查内容	保护整组动作时间（ms）	结论
1	第一套保护		
2	第二套保护		

表 3－3　　变压器保护装置出口继电器动作值校验

序号	继电器名称	动作值	返回值	结论
1				
2				

（8）使用仪表（相关设备）、试验人员和校核人员记录见表 3－4。

表 3－4　　使用仪表（相关设备）、试验人员和校核人员记录

仪表名称	型　号	计量编号	准确度	有效日期
验收校核者		验收试验者		

第二节　线　路　保　护

一、线路保护配置

（一）线路保护介绍

输电线路在整个电网中分布最广，自然环境也比较恶劣，因此输电线路是电力系统中故障概率最高的元件。输电线路故障往往由雷击、雷雨、鸟害等自然因素引起。线路的故障类型主要是单相接地故障、两相接地故障，相间故障，三相故障。

输电线路的故障大多数是瞬时性的，因此装设自动重合闸可以大大提高供电可靠性。

由于不同电压等级电网中的电气设备和线路的重要性不同，其对继电保护“四性”的要求有所区别，这是影响线路保护配置的主要原因。

对于 220kV 及以上电压等级的高压电网的线路，要求保护装置的可靠性高、动作速度快，并能够无时限全线切除故障。一般要求线路近故障点侧与远故障点侧的保护切除时间分别不大于 0.1s 与 0.1～0.15s，据此要求继电保护整组动作时间应在 20～30ms。这

就要求线路两端装设纵联保护，即通过通信通道将另一侧的电气量与本侧相比较，以判断故障是发生在本线路范围内还是范围之外，并全线速动切除区内故障。对于三端或多端线路，其纵联保护原理与两端线路类似。

在 110kV 及以上中性点直接接地的电力系统中，根据系统稳定的需求，常用的线路保护配置有阶段式相间和接地距离保护、阶段式零序电流保护、光纤距离保护、光纤分相差动保护、高频闭锁距离保护、高频闭锁方向保护等。

选用重合闸的方式必须根据系统的结构及运行稳定要求、电力设备承受能力，合理地选定。凡是选用简单的三相重合闸方式能满足具体系统实际需要的线路都能当选用三相重合闸方式。当发生单相接地故障时，如果使用三相重合闸不能保证系统稳定，或者地区系统会出现大面积停电，或者影响重要负荷停电的线路上，应当选用单相或综合重合闸方式。在大机组出口一般不使用三相重合闸。我国 220kV 线路基本采用单相重合闸，110kV 线路采用三相重合闸。

（二）线路保护的基本配置

不同电压等级的输电线路保护配置不同。35kV 及以下电压等级系统往往是不接地系统，线路保护要求配置阶段式过电流保护。由于过电流保护受系统运行方式比较大，为了保证保护的选择性，对一些短线路的保护也需要配置阶段式距离保护。110kV 线路保护要求配置阶段式相过电流保护和零序保护或阶段式相间和接地距离保护辅以一段反映电阻接地的零序保护。110kV 及以下线路的保护采用远后备的方式，当线路发生故障时，若本线路的瞬时段保护不能动作则由相邻线路的延时段来切除。根据系统稳定性要求，有些 110kV 双侧电源线路也配置一套纵联保护（全线速动保护）。为了保证功能的独立性，110kV 线路保护装置和测控装置是完全独立的。220kV 及以上线路保护采用近后备的方式，配置两套不同原理的纵联保护和完整的后备保护。全线速动保护主要指高频距离保护、高频零序保护、高频突变量方向保护和光纤差动保护。后备保护包括三段相间和接地距离、四段零序方向过电流保护。

1. 220kV 线路保护配置

220kV 线路保护一般采用近后备保护，每回线路应配置双套完整的、独立的、能反应各种类型故障、具有选相功能的全线速动保护，每套保护均具有完整的后备保护。

全线速动保护可采用光纤分相电流差动保护、光纤距离保护、高频距离保护等。通常要求线路主保护整组动作时间为：近端故障不大于 20ms，远端故障不大于 30ms（不包括通道时间）。

（1）主保护类型及保护通道的选择。对新建线路一般均要求架设 OPGW 光缆，配置双套光纤分相电流差动保护。对电缆线保护通道以及电缆与架空线路的混合线路，由于其高频通道开通技术难度较大，造价也很昂贵，一般也配置双套光纤分相电流差动保护，仅在光纤通道难以实现的特殊情况下采用高频保护。在有 OPGW 光纤线路的保护配置设计中，有时为了利用原有距离保护或为了旁路带线路时保护回路切换方便，线路置一套光纤距离保护，一套光纤分相电流差动保护。

对光纤保护动作性能的调研中发现，线路倒杆时光纤差动保护总是能在通道中断前动作跳闸：同时，两套线路保护若用光纤通道，则对突发情况（光缆断线）的应变能力太差。因此，对采用两套光纤保护的通道配置一般为：

第一套线路保护采用复用本线点对点 2MB 直达电路方式，第二套线路保护采用本线专用光纤芯。特殊紧急情况下（如光缆断线），两套主保护通道都中断时，第一套线路保护可切换至 2MB 应急迂回通道。

在本线与相邻平行线路均无 OPGW 的情况下，若具备可靠迂回通道时，则第一套保护采用高频保护，第二套保护采用复用 2MB 迂回的光纤分相电流差动保护，否则，两套均采用高频保护。

所谓可靠迂回通道是指传输总延时不大于 12ms，收发同一路由。220kV 及以上电压等级的 OPGW，在紧急情况下使用的应急迂回通道可不受电压等级的限制。

（2）线路重合闸。每一套 220kV 线路保护装置中已经含有重合闸功能，两套重合闸均应采用一对一保护启动和开关位置不对应启动方式，不采用两套重合闸相互启动和相互闭锁方式。

重合闸可实现单重、三重、禁止和停用四种方式。通常情况下，由于系统稳定的要求，为了减少对系统的冲击，220kV 线路均采用单重方式，即单相故障跳单相，重合单相，三相故障跳三相，不重合。在 220kV 终端线路上，为了提高重合闸的成功率，采用一种特殊的重合闸方式，即单相故障跳三相，重合三相，三相故障跳三相，不重合。对电缆线路以及电缆与架空线路混合的线路，根据电缆的运行状况可将重合闸停用。

重合闸启动后应能延时自动复归，在此时间内应沟通本断路器的三条回路。当重合闸停用或被闭锁时（断路器低气压、重合闸故障，重合闸被其他保护闭锁、断路器多相跳的辅助触点闭锁等），由线路保护进行三跳。具有双重化配置的线路保护具有两套重合闸时，仅沟通一套合用的线路保护进行三跳。

（3）断路器失灵保护。近后备保护配置在断路器失灵时，需有断路器失灵保护，线路主保护、后备保护动作时均应启动断路器失灵保护。

2. 110kV 线路保护配置

110kV 系统相比高压、特高压系统，其稳定性要求相对较低，线路保护一般采用远后备方式，但必要时可采用近后备方式。一般每条线路配置一套保护装置，内含完整的主保护和后备保护。

（1）单侧供电的线路保护配置。对于单侧供电的线路一般可配置阶段式保护，利用输电线路一端的电气量变化来判断线路的故障状况，但这种保护从原理上无法区分本线路末端和对端母线或相邻线出口的故障。为了保证线路保护的选择性，其瞬时动作的Ⅰ段只能保护线路的一部分（不大于线路全长的 82%），对于其余部分由带时限的Ⅱ、Ⅲ段来切除。对于阶段式保护，其后备保护需在数百毫秒以内动作跳闸，并且在各种可能的运行状态下要有一定的灵敏性保护。

对于单侧电源线路可配置阶段式相间距离保护、接地距离保护或辅之以阶段式零序电流保护。阶段式相间距离保护用作相间故障的后备保护，接地距离保护、阶段式零序电流保护用作接地故障的后备保护。

（2）双侧供电的线路保护配置。对于双侧电源线路、电厂联络线等有稳定性要求的线路，需配置一套纵联保护为主保护和完整的后备保护，视条件可选择光纤差动、光纤距离、高频距离等保护。

（3）分支线保护配置。由于110kV系统稳定性要求相对较低，考虑到线路投资、出线走廊等因素，对新建的电源或变电站有时会采用分支线接入方式。

对带分支的线路，在整定配合、系统稳定许可的情况下，可在两个电源侧装设保护，负荷侧可不装设保护。当分支变压器内部故障时，允许主电源两侧保护动作于跳闸，而以重合闸补救。但电源侧保护速动段定值需能躲开分支变压器低压侧故障，以避免保护越级跳闸，扩大停电范围。

系统有稳定要求时，有光纤通道的线路可采用用于多支路的分相电流差动保护；如无光纤通道，则在整定配合允许的情况下，也可采用高频闭锁距离零序保护，在两个电源侧装设高频保护，负荷侧可不装设保护，但需装设阻波器。

（4）线路重合闸。110kV线路采用三相一次重合闸，一般保护装置中已具有三相一次重合闸功能，重合闸可实现三重和停用两种方式。在用于电缆线路时，为了减少重合于故障时对电缆的破坏性冲击，可将重合闸停用。

二、线路保护的日常运维及巡视

线路保护的日常运维及巡视包含线路保护的巡视、运行维护项目和内容。

（一）二次设备的巡视检查项目

（1）检查继电保护及二次回路各元件应接线紧固，无过热、异味、冒烟现象，标识清晰准确，继电器外壳无破损，触点无抖动，内部无异常声响。

（2）检查交直流切换装置工作正常。

（3）检查继电保护及自动装置的运行状态、运行监视（包括液晶显示及各种信号灯指示）正确，无异常信号。

（4）检查继电保护及自动装置屏上各小开关、切换把手的位置正确。

（5）检查继电保护及自动装置的压板投退情况符合要求，压接牢固，长期不用的压板应取下。

（6）检查高频通道测试数据应正常模块。

（7）检查记录有关继电保护及自动装置计数器的动作情况。

（8）检查屏内TV、TA回路无异。

（9）检查微机保护的打印机运行正常，不缺纸，无打印记录。

（10）检查微机保护装置的定值区位和时钟正常。

（11）检查电能表指示正常，与潮流一致。

（12）检查试验中央信号正常，无光字、告警信息。

（13）检查控制屏各仪表指示正常，无过负荷现象，母线电压三相平衡、正常，系统

频率在规定的范围内。

（14）检查控制屏各位置信号正常。

（15）检查变压器远方测温指示和有载调压指示与现场一致。

（16）检查保护屏、控制屏下电缆孔洞封堵严密。

（二）继电保护及自动装置的运行维护

（1）应定期对微机保护装置进行采样值检查、可查询的开入量状态检查和时钟校对，检查周期般不超过一个月，并应做好记录。

（2）每年按规定打印一次全站各微机型保护装置定值，与存档的正式定值单核对，并在打印定值单上记录核对日期、核对人，保存该定值直到下次核对。

（3）应每月检查打印纸是否充足、字迹是否清晰，负责加装打印纸和更换打印机色带。

（4）加强对保护室空调、通风等装置的管理，保护室内相对湿度不超过75%，环境温度应在5～30℃范围内。

（5）应按规定进行专用载波通道的测试工作。

1）有人值守站按规定时间（该时间由本单位排定，线路两端一般应错开4h以上）进行一次通道测试，并填写记录，记录数据应包括天气、收发信信号灯、电平指示、告警灯等内容。

2）无人值守站通过监控中心每日进行远方测试。运行人员对变电站进行常规巡视检查时，应进行一次各线路专用载波通道的测试，并做好记录。

3）无论是否有人值守，在下列情况下应增加一次通道测试：

a. 开关转代及恢复原开关运行时，对转代线路应增加一次通道测试。

b. 线路停电转运行时，对本线路应增加一次通道测试。

c. 保护工作完毕投入运行时，对本线路应增加一次通道测试。

4）天气情况恶劣（大雾或线路覆冰）时，通道测试工作由24h一次改为4h一次，直至天气状况恢复且通道测试正常。

（三）线路保护缺陷分类

发现缺陷后，运行人员应对缺陷进行初步分类，根据现场规程进行应急处理，并立即报告值班调度及上级管理部门。设备缺陷按严重程度和对安全运行造成的威胁大小，分为危急、严重、一般三类。

1. 危急缺陷

危急缺陷是指性质严重，情况危急，直接威胁安全运行的隐患，应当立即采取应急措施，并尽快予以消除。

一次设备失去主保护时，一般应停运相应设备；保护存在误动风险，一般应退出该保护；保护存在拒动风险时，应保证有其他可靠保护作为运行设备的保护。以下缺陷属于危急缺陷：

（1）电流互感器回路开路。

（2）二次回路或二次设备着火。

（3）保护、控制回路直流消失。

（4）保护装置故障或保护异常退出模块。

（5）保护装置电源灯灭或电源消失。

（6）收发信机运行灯灭、装置故障、裕度告警。

（7）控制回路断线。

（8）电压切换不正常。

（9）电流互感器回路断线告警、差流越限，线路保护电压互感器回路断线告警。

（10）保护开入异常变位，可能造成保护不正确动作。

（11）直流接地。

（12）其他威胁安全运行的情况。

2. 严重缺陷

严重缺陷是指设备缺陷情况严重，有恶化发展趋势，影响保护正确动作，对电网和设备安全构成威胁，可能造成事故的缺陷。严重缺陷可在保护专业人员到达现场进行处理时再申请退出相应保护。缺陷未处理期间，运行人员应加强监视，保护有误动风险时应及时处置。以下缺陷属于严重缺陷：

（1）保护通道异常，如 3dB 告警等。

（2）保护装置只发告警或异常信号，未闭锁保护。

（3）录波器装置故障、频繁启动或电源消失。

（4）保护装置液晶显示屏异常。

（5）操作箱指示灯不亮，但未发控制回路断线信号。

（6）保护装置动作后，报告打印不完整或无事故报告。

（7）就地信号正常，后台或中央信号不正常。

（8）切换灯不亮，但未发电压互感器断线告警。

（9）母线保护隔离开关辅助触点开入异常，但不影响母线保护正确动作。

（10）无人值守变电站保护信息通信中断。

（11）频繁出现又能自动复归的缺陷。

（12）其他可能影响保护正确动作的情况。

3. 一般缺陷

一般缺陷是指上述危急、严重缺陷以外的，性质一般，情况较轻，保护能继续运行，对安全运行影响不大的缺陷。以下缺陷属于一般缺陷：

（1）打印机故障或打印格式不对。

（2）电磁继电器外壳变形、损坏，不影响内部情况。

（3）GPS 装置失灵或时间不对，保护装置时钟无法调整。

（4）保护屏上按钮接触不良。

（5）有人值守变电站保护信息通信中断。

（6）能自动复归的偶然缺陷。

（7）其他对安全运行影响不大的缺陷。

（四）线路保护及二次回路巡检信息采集

线路保护及二次回路巡检信息采集见表 3-5。

表 3-5　　线路保护及二次回路巡检信息采集

变电所名称		间隔名称	
巡检时间		天气情况	
巡检人员			

采集内容及记录

序号	采集内容	采 集 数 据	结果	说明
1	装置面板及外观检查	运行指示灯正常		
		液晶显示屏正常		
		检查定值区号和整定单号与实际运行情况相符		
		打印功能正常		
2	屏内设备检查	各功能开关及方式开关符合实际运行情况		
		电源空气开关及电压空气开关符合要求		
		保护压板投入符合要求		
3	二次回路检查	端子排（箱）锈蚀		
		电缆支架锈蚀		
		交直流及强弱电电缆分离		
		接地、屏蔽、接地网符合要求		
4	红外测温	装置最高温度：　　℃ 二次回路最高温度：　　℃		
5	高频通道检查	高频通道测试正常		
6	交流显示值检查	保护模拟量采样与监控采样的最大误差：　　%		
7	开入量检查	开入量检查符合运行状况：		
8	光纤通道检查	通道传输时间：　　mS		
		丢包率：　　%		
		误码率：　　%		
9	装置差流检查	装置运行中三相差流：　　A 装置运行中三相电流：　　A		
10	反措检查	执行最新反措要求		

三、线路保护的倒闸操作

（一）线路保护运行管理规定

（1）线路保护的状态有跳闸、信号和停用三种。跳闸状态一般指装置电源开启、功能压板和出口压板均投入；信号状态一般指出口压板退出，功能压板投入（与其他保护共用出口的线路纵联保护除外），装置电源仍开启；停用状态一般指出口压板和功能压板均退出，装置电源关闭。

（2）调度对线路保护的发令一般只到信号状态（装置电源故障除外），停用状态一般由现场掌握，但应注意及时恢复到调度发令的信号状态。

（3）信号改停用状态时，应先断开直流电源，再断开交流电源。停用改信号时相反。

（4）经确认切换定值区不会导致误动的国产微机保护装置切换定值区操作时，可不改信号直接进行定值区切换（各省因电网结构和保护配置情况不同而要求不同），但应立即打印（显示）核对新定值。

（5）线路停役，线路的纵联保护一般不改停用。线路复役后现场值班人员自行进行通道检查。当纵联保护等有关设备工作需停用线路纵联保护时，则应由调度单独发令。

（6）在线路停电时，一般不将保护退出运行，所以在线路送电时，要检查保护是否正常。保护有工作时，还应着重检查保护出口跳闸压板是否和工作之前一致，以防工作班人员改变压板位置而没有及时恢复。

（7）继电保护检修或校验后，倒闸操作前必须检查保护电源、压板及切换开关恢复检修或校验前的状态。具体操作如图 3－7 所示。

(a)

(b)

(c)

图 3－7　运维及检修人员共同检查保护屏柜相关状态

（a）检查保护电源状态；（b）检查压板状态；（c）检查切换开关状态

（8）投入运行中设备的保护出口跳闸压板之前，必须用高内阻电压表测量压板两端对地无异极性电压后，方可投入其跳闸压板。

（9）保护出口信号指示灯亮时严禁投入压板，应查明保护动作原因。操作压板时，应防止压板触碰外壳或相邻出口跳闸压板，造成保护装置误动作。

（10）新保护和新间隔启动前，应按照调度启动方案要求预设继电保护状态。

（11）线路纵联保护倒闸操作：

1）线路配置纵联保护时，纵联保护与线路微机保护应单独操作。线路未配置纵联保护时，线路保护即线路微机保护。

2）线路纵联保护包括跳闸、信号、停用三种状态，正常运行时，线路纵联保护两侧状态应一致，除光纤纵联差动保护外的纵联保护一般不容许出现一侧在跳闸，同时对侧在停用状态。

3）纵联保护应两侧配合操作，现场值班人员接到调度指令后应立即执行，避免发生线路两侧纵联保护状态不一致而误动作。

4）纵联保护正常操作不得直接由跳闸改为停用，也不得直接由停用改为跳闸。

5）纵联保护由跳闸改为信号，主要将纵联主保护功能压板退出，保护装置出口压板仍投入，纵联保护通道接口装置电源仍开启，纵联通道保持通畅。

6）纵联保护由信号改为停用，应将高频收发信机（或光端机）切换开关切至“停用”位置，再停用收发信机（或光端机）直流电源。

7）纵联保护由停用改为信号，应投入收发信机（或光端机）直流电源，将高频收发信机（或光端机）切换开关切至“本线”位置。

8）纵联保护由信号改为跳闸，将纵联主保护功能压板投入。

9）对闭锁式高频保护，纵联保护改跳闸前，现场应进行高频通道测试以确认通道正常。

（12）线路微机保护倒闸操作。

1）线路微机保护由跳闸改信号操作，应包括确认对应纵联保护功能压板已退出，退出保护所有跳、合闸出口压板。

2）线路微机保护由信号改停用时，应包括取下各保护功能压板（含距离、零序保护、重合闸、低频保护、线路联跳解列保护等），并关闭装置电源。

3）微机保护由停用改信号，应包括装置电源开启，距离、零序保护功能压板投入，对应的纵联保护功能压板退出，装置跳闸、启动失灵等出口压板退出。

4）微机保护由信号改跳闸，包括投入装置跳闸、启动失灵等出口压板，但不包括放上对应纵联保护功能压板，纵联保护状态的改变由调度单独发令。对国网标准化设计线路保护，微机保护由信号改跳闸还包括投入重合闸出口压板（重合闸方式由整定通知书确定）。

（13）线路距离、零序保护倒闸操作。

1）线路微机保护中距离、零序保护的投退正常不单独发令，跟随微机保护发令同步投或退。

2）特殊检修方式或启动过程中，可能会要求线路零序Ⅰ段保护单独停用。零序Ⅰ段保护由跳闸改为停用时，主要包括零序Ⅰ段保护功能压板的单独退出。整定单中明确距离或零序Ⅰ段正常即退出的，现场应根据整定单说明在操作中实施。

3）当本线路高频全停或对侧 220kV 母差停用时，需将本线路距离保护灵敏段时限由正常时限改为 0.5s。

4）距离保护灵敏段时限由正常时限（或 0.5s）改为 0.5s（或正常时限）中的灵敏段

时限一般指距离Ⅱ段时限，具体按省调继电保护装置整定通知书要求由现场执行。

（14）断路器保护倒闸操作。

1）断路器保护装置的电源正常应保持开启，现场应在开关改运行、微机保护改跳闸前，确认断路器保护装置电源开启。

2）断路器保护装置中主要包括失灵电流判别功能，传统组屏（非国网标准化设计）的220kV线路断路器保护一般单套配置并包含重合闸功能。除断路器保护装置自身工作外，一般调度不对其单独发令改变状态，正常失灵保护功能的投退应主要包含在开关的一次状态改变中，重合闸的投退则由调度单独发令。

3）当断路器保护装置自身工作或出现故障需要退出时，调度发令断路器保护由跳闸改为信号（或停用），此时应包括退出断路器保护中的失灵保护和重合闸等所有功能。复役时，调度发令断路器保护改跳闸，应包括失灵保护和重合闸等所有功能的正常投入跳闸。

（15）重合闸操作说明。

1）重合闸方式一般有下列几种：

a. 单相重合闸方式，即单相故障保护动作单跳单重，若重合不成则三跳，相间故障直接三相跳闸不再重合；

b. 三相重合闸方式，即任何类型故障，保护都动作三相跳闸三相重合，重合不成跳开三相；

c. 特殊重合闸方式，即任何类型故障保护都动作三相跳闸，单相故障三相重合，相间故障不再重合。该方式下重合闸把手（或控制字）置“三重”位置，相间故障不重合靠定值整定“多相故障闭锁重合闸”实现。

2）重合闸功能传统保护一般包含在断路器保护装置中，国网标准化设计保护设置在线路微机保护装置中。因此重合闸操作任务中只有跳闸和信号状态。

3）××线重合闸跳闸状态，指所在装置电源开启，重合闸合闸压板投入，重合闸方式切换开关位置按调度指令或省调继电保护装置整定通知书要求由现场执行。

4）××线重合闸信号状态，指所在装置电源开启，重合闸合闸压板退出，重合闸方式切换开关放停用位置或投入“停用重合闸”压板。

5）国网标准化设计保护重合闸功能包含在线路保护中，因此重合闸随线路微机保护同步投退，一般调度不再单独发令。当因工作需要，调度单独发令操作线路重合闸时，现场应同时操作两套线路保护中的重合闸相关压板。

6）110kV及以下线路重合闸功能包含在线路保护中，因此随线路微机保护同步投退，一般调度不再单独发令。当因工作需要调度单独发令将重合闸由跳闸改信号状态时，应包括退出重合闸出口压板，投入闭锁（停用）重合闸压板或将重合闸方式切换开关切在“停用”位置。

（二）二次典型操作票（停复役）

1. ××线第一套线路保护由跳闸改为信号

操作内容：

（1）检查××线第一套差动保护投入压板 1KLP1 确已取下。
（2）取下××线第一套保护 A 相跳闸出口压板 1CLP1，并检查。
（3）取下××线第一套保护 B 相跳闸出口压板 1CLP2，并检查。
（4）取下××线第一套保护 C 相跳闸出口压板 1CLP3，并检查。
（5）取下××线第一套保护重合闸出口压板 1CLP4，并检查。
（6）取下××线第一套保护 A 相失灵启动第一套母差压板 1SLP1，并检查。
（7）取下××线第一套保护 B 相失灵启动第一套母差压板 1SLP2，并检查。
（8）取下××线第一套保护 C 相失灵启动第一套母差压板 1SLP3，并检查。
（9）取下××线第一套保护失灵启动第一套母差总压板 1SLP4，并检查。

2. ××线第一套线路保护由信号改为跳闸

操作内容：
（1）检查××线第一套保护无动作及异常告警信号。
（2）检查××线第一套差动保护投入压板 1KLP1 确已取下。
（3）放上××线第一套保护 A 相失灵启动第一套母差压板 1SLP1，并检查。
（4）放上××线第一套保护 B 相失灵启动第一套母差压板 1SLP2，并检查。
（5）放上××线第一套保护 C 相失灵启动第一套母差压板 1SLP3，并检查。
（6）放上××线第一套保护失灵启动第一套母差总压板 1SLP4，并检查。
（7）测量××线第一套保护 A 相跳闸出口压板 1CLP1 两端电压为零，并放上。
（8）测量××线第一套保护 B 相跳闸出口压板 1CLP2 两端电压为零，并放上。
（9）测量××线第一套保护 C 相跳闸出口压板 1CLP3 两端电压为零，并放上。
（10）测量××线第一套保护重合闸出口压板 1CLP4 两端电压为零，并放上。

3. ××线第一套微机保护由跳闸改为信号

操作内容：
（1）检查××线第一套纵联保护差动投入软压板 1KLP1 确已退出。
（2）执行××线第一套微机保护由跳闸改为信号程序化任务。
（3）退出××线第一套保护跳闸出口 GOOSE 软压板 1TLP1，并检查。
（4）退出××线第一套保护失灵启动 GOOSE 软压板 1SLP1，并检查。
（5）退出××线第一套保护重合闸出口 GOOSE 软压板 1TLP2，并检查。
（6）退出××线第一套保护永跳出口 GOOSE 软压板 1TLP3，并检查。

4. ××线第一套微机保护由信号改为跳闸

操作内容：
（1）检查××线第一套智能终端、第一套合并单元确在投入状态。
（2）检查××线第一套微机保护确在信号状态。
（3）检查××线第一套纵联保护差动投入软压板 1KLP1 确已退出。
（4）执行××线第一套微机保护由信号改为跳闸程序化任务。
（5）检查××线第一套保护无动作信号。
（6）检查××线第一套保护无异常信号。

（7）投入××线第一套保护跳闸出口 GOOSE 软压板 1TLP1，并检查。

（8）投入××线第一套保护失灵启动 GOOSE 软压板 1SLP1，并检查。

（9）投入××线第一套保护重合闸出口 GOOSE 软压板 1TLP2，并检查。

（10）投入××线第一套保护永跳出口 GOOSE 软压板 1TLP3，并检查。

四、线路保护的定期校验（以 RCS－931 为例）

（一）前期准备

准备工作如下：

（1）根据工作任务，分析设备现状，明确检验项目，编制检验工作安全措施及作业指导书，熟悉图纸资料及上一次的定检报告，确定重点检验项目。

（2）检查并落实检验所需材料、工器具、劳动防护用品等是否齐全合格，检验所需设备材料齐全完备。

（3）班长根据工作需要和人员精神状态确定工作负责人和工作班成员，组织学习《电业安全工作规程》、现场安全措施和本标准作业指导书，全体人员应明确工作目标及安全措施。

检验工器具及材料：继电保护微机试验仪及测试线、万用表、摇表、钳形相位表等、电源盘（带剩余电流动作保护器）、专用转接插板、绝缘电阻表等；电源插件、绝缘胶布。

图纸资料：与实际状况一致的图纸、最新定值通知单、装置资料及说明书、上次检验报告、作业指导书、检验规程。

（二）运行安措（状态交接卡）

（1）误走错间隔，误碰运行设备检查在变压器保护屏前后应有“在此工作”标示牌，相邻运行屏悬挂红布幔。

（2）同屏运行设备和检修设备应相互隔离，用红布幔包住运行设备（包括端子排、压板、把手、空气开关等）。

（3）对安全距离不满足要求的未停电设备，应装设临时遮拦，严禁跨越围栏，越过围栏，易发生人员触电事故，现场须设专人监护。

（4）工作不慎引起交、直流回路故障工作中应使用带绝缘手柄的工具。拆动二次线时应作绝缘处理并固定，防止直流接地或短路。

（5）电压反送、误向运行设备通电流试验前，应断开检修设备与运行设备相关联的电流、电压回路。

（6）检修中的临时改动，忘记恢复二次回路、保护压板、保护定值的临时改动要做好记录，坚持“谁拆除谁恢复”的原则。

（7）接、拆低压电源时人身触电接拆电源时至少有两人执行，应在电源开关拉开的情况下进行。所使用电源应装有漏电保护器。禁止从运行设备上接取试验电源。

（8）攀爬变压器时，高空作业易造成高空坠落等人身伤亡事故正确使用安全带，并

做好现场监护。

（9）保护传动配合不当，易造成人员伤害及设备事故传动时应征求工作总负责人、值班负责人同意，并设专人现场监护。

（10）联跳回路未断开，误跳运行开关核实被检验装置及其相邻的二次设备情况，与运行设备关联部分的详细情况，制定技术措施，防止误跳其他开关（误跳母联、旁路、分段开关，误启动失灵保护）。

（11）旁路 TA 回路开路（误开旁路转代用 TA 试验端子造成 TA 开路）检查旁路 TA 回路时切勿开路并应做明显标记。

（三）调试

1. 试验注意事项

（1）进入工作现场，必须正确穿戴和使用劳动保护用品。

（2）按工作票检查一次设备运行情况和措施、被试保护屏上的运行设备。

（3）工作时应加强监护，防止误入运行间隔。

（4）检查运行人员所做安全措施是否正确、足够。

（5）检查所有压板位置，并做好记录。

（6）检查所有把手及空气开关位置，并做好记录。

（7）电流回路外侧先短接，再将电流回路划片划开；将电压回路划片划开，并用绝缘胶布包好。

（8）控制回路、联跳和失灵（运行设备）回路应拆除外接线并用绝缘胶布封好，对应压板退出，并用绝缘胶布封好。

（9）拆除信号回路、故障录波回路公共端外接线并用绝缘胶布封好。

（10）保护装置外壳与试验仪器必须同点可靠接地，以防止试验过程中损坏保护装置的元件。

（11）使用三相对称和波形良好的工频试验电源。

（12）检查实际接线与图纸是否一致，如发现不一致，应以实际接线为准，并及时向专业技术人员汇报。

2. 装置检查

开始调试前应对保护屏及装置进行检查，保护装置外观应良好，插件齐全，端子排及压板无松动。对直流回路、交流电压、交流电流回路进行绝缘检查时，必须断开保护装置直流电源，拔出所有逻辑插件。合上直流电源对装置进行上电检查，核对程序版本应与现场要求符合，定值能正确整定。

3. 交流回路校验

（1）零漂检查。在端子排内短接电压回路及断开电流回路，查看电压电流零漂值，要求$-0.01I_N<I<0.01I_N$，$-0.01U_n<U<0.01U_n$。

（2）采样精度试验。在装置端子排加入交流电压、电流，查看装置显示的采样值，显示值与实测的误差应不大于 5%。

4. 开入/开出量检验

投退各个功能压板和开入量，装置能正确显示当前状态，同时有详细的变位报告。

模拟各种情况使各个输出触点动作，在相应的端子排能测量到输出触点正确动作。

5. 保护功能检验

装置后尾纤自环，保护定值中“本侧识别码”与“对侧识别码”设置相同（即通道自环模式），“通信内时钟”“纵联差动保护”控制字置 1，“电流补偿”控制字置 0。从保护屏电流、电压试验端子施加模拟故障电压和电流。重合方式根据需要整定控制字，合上断路器，TWJA、TWJB、TWJC 都为 0，保护屏上相关出口压板均在断开位置。以后试验项目除特别说明外均在此模式下进行（当为通道自环模式时，TA 变比系数建议设置为 1）。

为确保故障选相及测距的有效性，试验时请确保试验仪在收到保护跳闸命令 20ms 后再切除故障电流。

（1）纵差保护检验。仅投主保护压板。分别模拟 A 相、B 相、C 相单相瞬时故障。

1）稳态 Ⅰ 段相差动保护检验。加故障电流为 $I=0.5m\ (1.5I_{cdqd})$ 模拟单相正方向瞬时故障。

式中　I_{cdqd}——差动电流启动值，A；

m——该值为 1.05 时稳态差动保护 Ⅰ 段应可靠动作，该值为 0.95 时稳态差动保护 Ⅰ 段应可靠不动作，该值为 1.2 测试稳态 Ⅰ 段相差动的动作时间。

2）稳态 Ⅱ 段相差动保护检验。加故障电流为 $I=0.5m\ (I_{cdqd})$ 模拟单相正方向瞬时故障，同理，m=1.05 时稳态差动保护 Ⅱ 段应可靠动作，m=0.95 时稳态差动保护 Ⅱ 段应可靠不动作，m=1.2 测试稳态 Ⅱ 段相差动的动作时间。

（2）距离保护定值校验。投入距离保护压板，重合把手切换至“综重方式”。将保护控制字中“投 Ⅰ 段距离”“投 Ⅰ 段相间距离”置 1，等待保护充电，直至充电灯亮。

1）相间距离保护校验。加故障电流 $I=I_n$，故障电压 $U=mIZ_{zd1\Phi\Phi}$，模拟三相正方向瞬时故障。

式中　I_n——额定电流，A；

$Z_{zd1\Phi\Phi}$——相间距离 Ⅰ 段阻抗定值，Ω。

当 m=0.95 时距离保护 Ⅰ 段应动作，装置面板上相应灯亮，液晶上显示“距离 Ⅰ 段动作”，动作时间为 10～25ms，动作相为“A 相、B 相、C 相”。m=1.05 时距离保护 Ⅰ 段不能动作，在 m=0.7 时测试距离保护 Ⅰ 段的动作时间。

2）接地距离保护校验。加故障电流 $I=I_n$，故障电压 $U=m(1+k)IZ_{zd1\Phi}$ 来模拟正方向单相接地瞬时故障。

式中　$Z_{zd1\Phi}$——接地距离 Ⅰ 段阻抗定值，Ω；

k——零序补偿系数。

当 m=0.95 时距离保护 Ⅰ 段应动作，装置面板上相应灯亮，液晶上显示“距离 Ⅰ 段动作”，动作时间为 10～25ms，动作相为故障相。m=1.05 时距离保护 Ⅰ 段不能动作，在 m=0.7 时测试距离保护 Ⅰ 段的动作时间。

校验距离Ⅱ、Ⅲ段同上类似，注意所加故障量的时间应大于保护定值整定的时间。

加故障电流 $4I_n$，故障电压 0V，分别模拟单相接地、两相和三相反方向故障，距离保护不动作。

（3）零序过电流保护检验。零序保护无连接片，需整定控制字“零序电流保护”置 1。

分别模拟 A 相、B 相、C 相单相接地瞬时故障，模拟故障电压 U=50V，模拟故障时间应大于零序过电流Ⅱ段（或Ⅲ段）保护的动作时间定值，相角为灵敏角，模拟故障电流为：$I=mI_{set2}$、$I=mI_{set3}$。

式中　I_{set2}——零序过电流Ⅱ段定值，A；

I_{set3}——零序过电流Ⅲ段定值，A。

当 m=1.05 时应可靠动作，m=0.95 时应可靠不动作，m=1.2 测试动作时间。

（4）工频变化量距离定值校验。投入距离保护压板，分别模拟 A 相、B 相、C 相单相接地瞬时故障和 AB、BC、CA 相间瞬时故障。模拟故障电流固定（其数值应使模拟故障电压在 0～U_N 范围内），模拟故障前电压为额定电压，模拟故障时间为 100～150ms，故障电压为：

模拟单相接地故障时：$U=(1+k)I_{DZset}+(1-1.05m_1)U_N$

模拟相间短路故障时：$U=2I_{DZset}+(1-1.05m_1)\times\sqrt{3}\,U_N$

式中　m_1——系数，其值分别为 0.9、1.1 及 1.2；

I_{DZset}——工频变化量距离保护定值，A。

工频变化量距离保护在 m_1=1.1 时，应可靠动作；在 m_1=0.9 时，应可靠不动作；在 m_1=1.2 时，测量工频变化量距离保护动作时间。

（5）TV 断线相过电流，零序过电流定值校验。仅投入距离保护压板，使装置报“TV 断线”告警，加故障电流 $I=mI_{TVdx1}$。

式中　I_{TVdx1}——TV 断线相过电流定值。

当 m=1.05 时 TV 断线相过电流动作，m=0.95 时 TV 断线相过电流不动作，m=1.2 时测试 TV 断线相过电流的动作时间。

仅投入零序保护压板，使装置报“TV 断线”告警，加故障电流 $I=mI_{TVdx2}$。

式中　I_{TVdx2}——TV 断线零序过电流定值，A。

当 m=1.05 时 TV 断线零序过电流动作，m=0.95 时 TV 断线零序过电流不动作，m=1.2 时测试 TV 断线零序过电流的动作时间。

（6）合闸于故障线零序电流保护检验。整定控制字“零序电流保护”置 1。

模拟手合单相接地故障，模拟故障前，给上“跳闸位置”开关量。模拟故障时间为 300ms，模拟故障电压炉 50V，相角为灵敏角，模拟故障电流为：$I=mI_{setck}$。

式中　I_{setck}——合闸于故障线零序电流保护定值，A；

m——分别为 0.95、1.05 及 1.2。

6. 带通道联调试验

保护用光纤通道验收结束，通道资料齐全后，将两侧装置光端机经光纤正确连接，按照整定书整定好定值，整定完毕后若通道正常，则两侧的“运行”灯应亮，“通道异常”灯应不亮。

7. TA 断线功能检查

TA 断线动作判据：自产零序电流小于 0.75 倍的外接零序电流，或外接零序电流小于 0.75 倍的自产零序电流时延时 200ms 发 TA 断线异常信号。

告警功能检测：模拟电流回路的单相断线和两相断线故障，并使零序电流值满足以上判据。

零序过电流第二段不带方向：在 TA 断线信号出现后，模拟零序过电流第二段范围的反方向故障，零序过电流第二段应能动作出口。

零序过电流第三段退出：在 TA 断线信号出现后，模拟零序过电流第三段范围故障，零序过电流保护应不动作。

闭锁逻辑功能在全部校验时进行，部分校验只做告警功能。

8. 重合闸功能检查

重合闸充放电检查：“单相重合闸”控制字投入，无闭锁重合闸信号，经过 15s 延时充电灯亮，投入“停用/闭锁重合闸”压板，重合闸放电瞬时完成。

任意投入“单相重合闸”“三相重合闸”“禁止重合闸”“停用重合闸”控制字中的两个或两个以上，装置发“重合方式整定错”报警报文，报警接点动作，且装置放电，此时模拟系统故障，保护三跳不重合。

9. 带负荷试验

在新安装检验时，如果负荷电流的二次电流值小于保护装置的精确工作电流（$0.5I_n$）时，应采用检验合格的电流和相位表进行带负荷试验。

注：在新安装检验时应采用数字钳型相位表进行带负荷试验。要求最小负荷电流二次值应不小于 $0.05I_n$。

10. 投运前定值与开入量的核查

装置在正常工作状态下，断、合一次直流电源，然后分别打印出各种实际运行方式可能用到的定值，与上级继电保护部门下发的整定单进行核对。

对装置的各开入量进行核对，确保装置内部开入量状态与实际位置保持一致。

（四）验收

按照二次工作安全措施票恢复安全措施，整理工作现场；与运行人员核对保护定值，保护本体/测控、后台是否存在报警信息，并进行开关传动实验，确保一、二次设备均符合投运要求，完成工作交接。

五、线路保护的异常及处理

线路保护是能够反应输电线路发生的各类故障，并能快速准确地向断路器发出跳闸命令，使故障元件及时同主系统隔离，降低故障点对电力系统稳定运行的影响，提高供电可靠性。

线路保护异常的原因主要由“控制回路断线”“TV 断线”“TA 断线”“通道异常”“装置闭锁”“通信中断”等原因造成，本章节主要针对以上几种异常进行分析处理。

（一）控制回路断线

（1）线路间隔在正常运行时出现断路器“控制回路断线”信号时，表明当线路保护范围内发生故障时，线路保护装置对该间隔所发出的分闸指令都不能得以执行，故障不能在最小范围内进行快速切除，导致故障范围扩大。

（2）一般情况下，引起断路器控制回路断线的原因主要有：直流控制电源失去，如直流控制回路空气开关跳开、直流控制熔丝熔断、控制回路接线端子松脱等；SF_6 断路器的 SF_6 压力降低至闭锁值，导致断路器控制回路被闭锁；液压操动机构的压力降低至闭锁值，导致断路器控制回路被闭锁；断路器合闸线圈或跳闸线圈断线或烧损；用于串接发信的跳合闸位置继电器误动等引起的误发信。

（3）当发生断路器“控制回路断线”异常告警时，变电运检人员应即刻赶赴现场开展检查。迅速查明出现“控制回路断线”异常的断路器间隔，检查“控制回路断线”异常产生的原因，分析判断是否存在误发信的可能。运检人员在开展现场检查时，一应结合监控告警信息分析引起“控制回路断线”的可能原因及范围；二应结合对告警信息的分析，开展有针对性地现场检查；三应对现场检查情况进行详细记录；四应在现场检查发现异常原因后，根据规程要求，开展允许范围的自行处置工作；五应将现场检查及处置情况及时向相关调度及上级管理部门汇报。

（4）当检查发现断路器直流控制回路空气开关跳开或者直流控制熔丝熔断，运检人员可以自行试合一次断路器直流控制回路空气开关或更换相应规格的直流控制熔丝，处理完毕正常后，应继续监视一段时间。

（5）当检查发现 SF_6 断路器在监控告警信息中伴有“SF_6 压力闭锁”告警信息时，运检人员应现场检查断路器 SF_6 压力是否降低至闭锁值。若检查确认 SF_6 压力降低，若压力尚可且断路器无明显 SF_6 的泄漏现象，运检人员可开展带电补气，将 SF_6 压力补至合格范围，后续加强对该断路器 SF_6 压力跟踪检查；若压力降低严重，并伴有泄漏或继续较快下降现象，运检人员应立即向相关调度及上级管理部门报告，断开该断路器控制电源，申请将该断路器停电处理；组织对该断路器进行检漏测试，查找漏气点，结合停电开展消缺工作；若 SF_6 气压正常，则应检查 SF_6 气体密度继电器是否误发信，若存在误发信情况，则安排计划停电更换气体密度继电器。

（6）当检查发现断路器液压机构液压降低引起的“油压闭锁”“断路器分合闸闭锁”时，运检人员应检查机构油泵是否正确启动打压，若油泵启动正常压力仍在下降，则立即汇报相关调度及上级管理部门，做好断路器防慢分措施，安排将该断路器停电进行处理；若机构液压压力正常，可判断为误发信，应对微动开关及压力闭锁继电器进行检查，如需更换则安排将该断路器停电处理。

（7）断路器“控制回路断线”异常经常会因控制回路接线端子松动等原因引起，运检人员在检查中排出上述因素后，应对有关回路接线情况进行检查，发现松动及时紧固。

（8）此外，断路器“控制回路断线”也会因测控装置故障引起，运检人员应根据故障现象正确判断，测控装置需要处理，应安排停电进行消缺。

（二）TV 二次断线

（1）线路保护在正常运行时出现“TV 断线”信号，表示保护所采样到的电压量缺相或三相消失。由于线路保护的高频保护，距离元件、零序方向元件都要利用电压量，TV 断线将对这些保护元件造成影响导致保护误动或者拒动。

（2）运检人员现场检查时应通过对监控告警信息、保护装置告警信息、现场目测现象、气味及电压测量综合判断，确定“TV 断线”异常产生的原因，针对性开展处理。

（3）一般来说，引起单一线路间隔“TV 断线”的原因主要有：线路保护屏上的交流电压空气开关跳开；隔离开关辅助触点接触不良，无法使电压切换继电器励磁；保护的模块数转换插件故障无法产生数字量；线路保护二次电压输入回路接线端子松动。

（4）当线路保护发生“TV 断线”异常时，变电运检人员应即刻赶赴现场开展检查。迅速查明出现“TV 断线”异常的线路保护，检查“TV 断线”异常产生的原因，分析判断是否存在误发信的可能。运检人员在现场检查时，应做好个人安全防护，防止发生 TV 二次短路或接地。

（5）当线路保护发生“TV 断线”异常时，若是由于线路保护屏上的保护交流电压空气开关跳开所引起，变电运检人员应试合一次跳开的保护电压空气开关，若试合成功保护“TV 断线”异常信号复归，变电运检人员应继续加强观察一段时间，确认异常消除后向相关调度及上级管理部门汇报；若保护电压空气开关试合失败，此时应向相关调度汇报，申请将该套线路保护改信号，然后查明该套保护电压二次回路故障原因，并向相关调度及管理部门汇报。

（6）当线路保护发生“TV 断线”异常时，若是由于隔离开关辅助触点接触不良，无法使电压切换继电器励磁，变电运检人员应检查隔离开关辅助触点的切换情况，及时将辅助触点切换位置调整到位，或者调整至切换正常的备用辅助触点；若为切换继电器等发生故障导致，则应向相关调度汇报，申请将该套线路保护改信号，必要时可申请将线路改冷备用，然后查明该套保护电压二次回路故障原因，并向相关调度及管理部门汇报。

（7）当线路保护发生“TV 断线”异常时，是由于保护的模块数转换插件故障无法产生数字量引起的，变电运检人员现场检查未发现其他异常时，则应向相关调度汇报及管理部门，申请将该套线路保护改信号，更换线路保护模块并试验正确。

（8）当线路保护发生“TV 断线”异常时，变电运检人员现场检查未发现上述及其他异常时，可判断是由于线路保护二次电压输入回路接线端子松动引起，此时应对电压回路电压情况逐段测量，将疑是回路端子逐个进行检查，发现松动立即紧固，直至异常消失。在进行电压二次回路检查时，运检人员可向调度申请将该套线路保护改信号。

（三）TA 二次断线

（1）线路保护在正常运行过程中出现“TA 断线”信号表示保护所采样到的电流量缺

失或者三相消失，由于线路保护的高频保护，距离保护、零序保护都要利用电流量，TA断线将对这些保护元件造成影响，导致保护误动或者拒动。

（2）一般来说，引起线路间隔 TA 断线的主要原因主要有：线路保护二次电流输入回路端子排接线松动；保护的模块数转换插件故障无法产生数字量；装置误发信。

（3）当线路保护发生“TA 断线”异常时，变电运检人员应即刻赶赴现场开展检查。迅速查明出现“TA 断线”异常的线路保护，检查“TA 断线”异常产生的原因，分析判断是否存在误发信的可能。运检人员在现场检查时，应做好个人安全防护，防止因 TA 二次开路危及人身及设备的安全。

（4）当线路保护发生“TA 断线”异常时，变电运检人员现场检查未发现上述及其他异常时，可判断是由于线路保护二次电流输入回路接线端子松动引起，此时应对电流回路电压情况逐段测量，将疑是回路端子逐个进行检查，发现松动立即紧固，直至异常消失。在进行电流二次回路检查时，运检人员可向调度申请将该套线路保护改信号。

（5）当线路保护发生“TA 断线”异常时，是由于保护的模块数转换插件故障无法产生数字量引起的，变电运检人员现场检查未发现其他异常时，则应向相关调度汇报及管理部门，申请将该套线路保护改信号，更换线路保护模块并试验正确。

（四）通道异常

（1）线路保护在正常运行时，保护装置上“装置异常灯”亮或“通道告警灯”亮。

（2）运检人员现场检查时应通过对监控告警信息、保护装置告警信息，确定“通道”异常产生的原因，针对性开展处理。

（3）一般来说，引起线路保护通道异常原因主要是组成通道的元件异常，包括：收发信机异常；阻波器，结合滤波器异常；光缆线路异常。

（4）当线路保护发生“通道异常”异常时，变电运检人员应即刻赶赴现场开展检查。迅速查明出现“通道异常”异常的线路保护，检查“通道”异常产生的原因，分析判断是否存在误发信的可能。运检人员在现场检查时，应做好个人安全防护。

（5）当线路保护发生“通道异常”异常时，变电运检人员应立即进行现场检查，现场检查如下：检查线路保护屏上收发信装置上装置故障灯是否点亮；现场滤波器、阻波器是否有放电痕迹，尤其是再发生雷击后。

（6）当线路保护发生“通道异常”异常时，变电运检人员无法通过复归使得装置恢复正常，则应向相关调度汇报，申请将该套线路纵联保护改信号，必要时可申请将线路改冷备用，然后查明故障原因，并向相关调度及管理部门汇报。

（五）装置闭锁

（1）线路路保护运行过程中发出“装置闭锁”信号说明装置在自检过程中发生了严重错误闭锁了装置正电源。线路上有故障时保护装置都不会动作出口，由于是双重化配置，只需要另一套保护运行正常还能够切除故障，但降低了系统运行的可靠性，对系统安全运行构成威胁。

（2）运检人员现场检查时应通过对监控告警信息、保护装置告警信息，确定“装置闭锁”异常产生的原因，针对性开展处理。

（3）一般来说，引起保护装置闭锁的异常包括：RAM 出错；EEPROME 出错；EPROME 出错；数据采样错误；装置电源异常。

（4）当线路保护发生“装置闭锁”异常时，变电运检人员应即刻赶赴现场开展检查。迅速查明出现“装置闭锁”异常的线路保护，检查“装置闭锁”异常产生的原因，分析判断是否存在误发信的可能。运检人员在现场检查时，应做好个人安全防护。

（5）当线路保护发生“装置闭锁”异常时，变电运检人员应立即进行现场检查，现场检查如下：检查线路保护屏后装置的直流电源空气开关是否跳开，测量端子排上直流电源正、负输入端子间电压正常；现场检查线路保护屏上是否显示有“RAM 出错”“EEPROME 出错”等报文。

（6）当检查发现线路保护装置直流控制回路空气开关跳开，运检人员可以自行试合一次断路器直流控制回路空气开关，处理完毕正常后，应继续监视一段时间。

（7）若线路保护发生“装置闭锁”异常时，现场检查发现线路保护屏显示“RAM 出错”“EEPROME 出错”等报文，变电运检人员现场检查未发现其他异常时，则应向相关调度及管理部门汇报，申请将该套线路保护改信号，更换线路保护装置模块并试验正确。

（六）通信中断告警

（1）线路保护出现通信中断告警信号，表明该线路出现联网中断，线路保护信息无法上送，对需要停电处理时应根据调度命令进行相应的操作处理，对不能停电处理的情况时必须加强监护，防止走错间隔或者误碰，做好措施或者向调度申请，避免通信中断扩大甚至全部断开。

（2）当线路保护发生“通道中断”告警时，变电运检人员应即刻赶赴现场开展检查。迅速查明出现“通信中断”告警的线路保护，检查通信中断产生的原因。运检人员在现场检查时，应做好个人安全防护。

（3）以 220kV 线路保护为例，保护装置出现中断告警主要有情况有：单一保护装置 A 网或 B 网通信中断（通信通道故障引起）；保护装置 A 网、B 网通信均中断。

（4）若单一保护装置 A 网或 B 网通信中断（通信通道故障引起），由于 220kV 线路保护均采用双重化配置且不影响保护的正常动作，因此无紧急情况下不建议重启，也无须将保护改信号，若要重启，需要在做好防止一次设备误动的安全措施后进行。

（5）若保护装置 A 网、B 网通信均中断，则保护装置通信中断时是由于通信通道故障引起，将导致保护功能失去，需要将该线路间隔改为冷备用状态处理。若要重启，需在做好防止一次设备误动的安全措施后进行。采用网采、网跳方式的保护，则需做好防止误动或者拒动的措施，或直接将发通信中断的保护改信号。

（七）运行中的线路保护“运行指示灯熄灭”

（1）运行中的线路保护“运行指示灯熄灭”，则表示该线路保护装置已退出运行，保

护功能已经失去，在发生线路故障时，该线路保护装置无法正确动作。

（2）当运行中的线路保护“运行指示灯熄灭”时，运检人员应迅速赶赴现场检查确认，结合监控告警信息、线路保护指示灯、线路保护装置面板的现象，若确认线路保护装置运行指示灯已熄灭，并且保护装置面板无显示时，应立即汇报相关调度申请将该线路保护改信号，并报告上级管理部门，保护停用后，即刻开展现场检查和处理。

（3）运行中的线路保护出现“运行指示灯熄灭”的原因一般有：

1）线路保护装置直流电源空气开关跳开，或直流电源回路出现断线及直流端子松动导致直流电源消失；

2）线路保护装置电源模块故障或损坏；

3）线路保护装置出现严重内部故障。

（4）当发生运行中的线路保护“运行指示灯熄灭”异常时，运检人员在现场处理过程中应注意：若母线保护双套保护配置时，运检人员在向调度申请保护改信号时，应申请将该套线路保护改信号，此时应确保另一套完整的线路保护在运行中，否则应申请将线路停电进行处理。

（5）当运行中的线路保护出现“运行指示灯熄灭”，运检人员现场检查发现原因是由线路保护装置直流电源空气开关跳开，或直流电源回路出现断线及直流端子松动导致直流电源消失引起的，在将该线路保护改为信号后，开展如下方法处理：

1）运检人员现场检查未发现有其他异常情况时，可先将跳开的直流电源空气开关试合一次，若试合成功，运检人员应对线路保护装置启动后进行检查，确认保护装置已经恢复正常运行，无任何异常告警信息。

2）若运检人员试合跳开的直流电源空气开关失败，此时运检人员严禁再将该直流电源空气开关合上，必须查明原因，对该直流电源回路进行全面检查，查找是否有短路或接地的现象，通过回路电阻测量、绝缘检测等方法，确定并消除故障，随后方能再次试合该直流电源空气开关。

3）若线路保护直流电源空气开关并未跳开，但现场检查进入该装置直流电源无电压，运检人员应对该直流电源回路进行分段测量电压，查找直流电源无电压原因，判断是否因直流电源回路出现断线及直流端子松动导致直流电源消失，若为断线引起，可查找该回路是否有可利用的电缆备用芯进行更换，或者将该断线部位通过在端子排加短接线跨接，若是由于端子松动引起，则将松动端子进行紧固。

4）上述异常情况处理完毕后，保护装置若带电运行正常，运检人员仍然需要继续监视一段时间，确认无其他异常后，方可向调度申请将线路保护改为跳闸状态。

（6）当运行中的线路保护出现“运行指示灯熄灭”，运检人员现场检查发现线路保护装置有异常气味时，现场检查判断可能因线路保护装置电源模块故障或损坏引起，应暂时不将线路保护直流电源空气开关试合，先对线路保护装置电源模块插件及保护插件进行详细检查，若确认为电源模块故障或损坏引起，则应选用相同型号、规格的电源模块进行更换，更换完成确认无其他异常后，再将线路保护直流电源空气开关进行试合，试合正常后运检人员仍然需要继续监视一段时间，确认无其他异常后，方可向调度申请将线路保护改为跳闸状态。

（7）当运行中的线路保护出现“运行指示灯熄灭”，运检人员现场检查发现是由于线路保护装置出现严重内部故障所引起，此时应汇报上级部门申请更换线路保护装置，在该线路保护装置更换后，输入保护定值进行保护传动试验，试验正确后汇报调度申请线路保护改为跳闸；线路保护装置更换应结合实际，必要时需将新更换的线路保护进行带负荷试验后，方可改为跳闸状态。

六、线路保护的验收

（一）安装工艺验收

（1）屏柜外观检查：装置型号正确，外观良好，保护屏前后都应有标志，屏内标识齐全、正确，与图纸和现场运行规范相符。屏柜附件安装正确（门开合正常、照明、加热设备安装正常，标注清晰）。

（2）二次电缆检查：电缆型号和规格必须满足设计和反措的要求。电缆及通信联网线标牌齐全正确、字迹清晰，不易褪色，须有电缆编号、芯数、截面及起点和终点命名。所有电缆应采用屏蔽电缆，断路器场至保护室的电缆应采用铠装屏蔽电缆。电缆屏蔽层接地按反措要求可靠连接在接地铜排上，接地线截面≥4mm^2。端子箱与保护屏内电缆孔及其他孔洞应可靠封堵，满足防雨防潮要求。电缆敷设平整齐正，缚扎牢固，高压动力电缆应与控制电缆分层布置，有效隔离。高频同轴电缆应在两端分别接地，结合滤波器侧的高频电缆屏蔽层应经 100mm^2 的绝缘导线引至与结合滤波器水平距离为 3～5m 处与 100mm^2 屏蔽铜导线连接，该铜导线与电缆沟内接地网连接。

（3）二次接线检查：回路编号齐全正确、字迹清晰，不易褪色。正负电源间至少隔一个空端子，每个端子最多只能并接二芯，严禁不同截面的二芯直接并接。跳、合闸出口端子间应有空端子隔开，在跳、合闸端子的上下方不应设置正电源端子，端子排及装置背板二次接线应牢固可靠，无松动。加热器与二次电缆应有一定间距。

（4）高频通道检查：结合滤波器一、二次接地点分开，接线符合反措要求；高频通道应接入录波器，并经录波试验合格。高频同轴电缆应在两端分别接地，结合滤波器侧的高频电缆屏蔽层应经 10mm^2 的绝缘导线引至与结合滤波器水平距离为 3～5m 处与 100mm^2 屏蔽铜导线连接，该铜导线与电缆沟内接地网连接。

（5）光纤通道验收：光配架与保护间连接＞50m 必须用光缆连接，＜50m 可以用尾缆连接，但须有保护措施；终端须标明纤芯的编号，并与对端编号相对应；光纤布置合理，弯曲半径满足要求，备用光纤头要求有保护措施。

（6）抗干扰接地：保护屏内必须有≥100mm^2 接地铜排，所有要求接地的接地点应与接地铜排可靠连接，并用截面≥50mm^2 多股铜线和二次等电位地网直接连通。对于不经附加判据直接跳闸的非电量回路，当二次电缆超过 300m 宜采用大功率继电器跳闸，并有抗 220V 工频干扰的能力。

（7）连接片：连接片应开口向上，相邻间距足够，保证在操作时不会触碰到相邻连

接片或继电器外壳，穿过保护柜（屏）的连接片导杆必须有绝缘套，屏后必须用弹簧垫圈紧固，跳闸线圈侧应接在出口压板上端。

（二）交直流电源验收

（1）直流电源独立性检查：保护装置的直流电源和断路器控制回路的直流电源，应分别由专用的直流空气开关（熔断器）供电，并且从保护电源到保护装置到出口必须采用同一段直流电源。当断路器有两组跳闸线圈时，其每一跳闸回路应分别由专用的直流空气开关（熔断器）供电，且应接于不同段的直流小母线。

（2）空气开关配置原则检查：保护装置交流电压空气开关要求采用B02型，保护装置电源空气开关要求采用B型并按相应要求配置。

（3）失电告警检查：当任一直流空气断路器断开造成保护、控制直流电源失电时，都必须有直流断电或装置异常告警，并有一路自保持触点，两路不自保持触点。

（4）开入电源检查：保护装置的24V开入电源不应引出保护室。

（三）保护装置验收

（1）铭牌及软件版本检查：装置铭牌与设计一致，装置软件版本与整定单一致。

（2）双重化配置检查：双重化配置的线路保护宜取自不同的TA、TV二次绕组，保护及其控制电源应满足双重化配置要求，每套保护从保护电源到保护装置到出口必须采用同一组直流电源；两套保护装置及回路之间应完全独立，不应该有直接电气联系。

（3）模数采样值检查：正常工况下电流电压采样值检查，各通道接线符合设计要求，幅值、相位正确，精度误差符合规程要求。

（4）开入量检查：模拟实际动作触点检查保护装置各开入量的正确性，部分不能实际模拟动作情况的开入触点可用短接动作触点方式进行。

（5）时钟同步装置：装置已接入同步时钟信号，并对时正确。

（6）逻辑功能检查：第一套保护从同类型同版本装置中随机抽取一套，根据装置校验规程进行全部校验并形成首次校验报告；具有可编程逻辑的保护装置，则应逐套校验。第二套保护从同类型同版本装置中随机抽取一套，根据装置校验规程进行全部校验并形成首次校验报告；具有可编程逻辑的保护装置，则应逐套校验。

（7）出口继电器检查：出口电压、电流继电器应检查动作值和返回值并符合规程要求。

（8）远跳就地启动检查：纵联电流差动保护的远方跳闸应经过本侧启动元件控制，远方跳闸功能投退应受差动保护投入压板控制。

（9）启失灵功能检查：线路保护装置应能分相启动断路器保护的失灵及重合闸功能，且与保护对应相别的动作触点对应。

（四）跳合闸回路验收

（1）跳合闸动作电流校核：在额定直流电压下进行试验，校核跳合闸回路的动作电流满足要求。

（2）动作相别一致性检查：在80%额定直流电压下进行试验，保护分相出口跳闸回路与断路器动作相别一致，动作正确，信号指示正常。

（3）双重化保护作用断路器跳圈唯一性检查：第一套保护动作跳断路器第一组跳圈；第二套保护动作跳断路器第二组跳圈。

（4）启失灵回路检查：第一套线路保护分相启动断路器失灵回路符合设计要求；第二套线路保护分相启动断路器失灵回路符合设计要求。

图3－8　运维及检修人员在线路保护屏后柜核对二次接线与图纸是否一致

（5）闭锁回路检查：第一套线路保护闭锁重合闸回路符合设计要求；第二套线路保护闭锁重合闸回路符合设计要求。

（6）对断路器本体机构的要求：三相不一致保护功能应由断路器本体机构实现，断路器防跳功能应由断路器本体机构实现，断路器跳、合闸压力异常闭锁功能应由断路器本体机构实现。运维及检修人员在线路保护屏后柜核对二次接线与图纸是否一致（如图3－8所示）。

（五）保护信息验收

（1）保护装置与后台及子站：保护装置与后台及子站整个物理链路及供给电源的标识应齐全、正确，与示意图相符，容易辨识。

（2）监控后台通信状态监视：监控后台相关保护通信状态正常。

（3）监控后台全部报文信息：协助自动化专业核对监控后台相关保护报文信息正确。

（4）保护信息子站：保护信息子站画面显示内容与实际相符，全部报文信息核对正确。

（5）监控后台光字：监控后台相关光字核对正确。

（6）保护远方操作功能：监控系统具备保护远方操作功能的，协助自动化专业核对其功能。

（7）数据记录相关表格：线路保护装置整组动作时间记录见表3－6；线路保护装置出口继电器动作值记录见表3－7；使用仪表、试验人员和校核人员记录见表3－8。

表3－6　　线路保护装置整组动作时间记录

序号	检查内容	保护整组动作时间（ms）	结论
1	第一套保护		
2	第二套保护		

表 3－7　　线路保护装置出口继电器动作值记录

序号	继电器名称	动作值	返回值	结论
1				
2				

表 3－8　　使用仪表、试验人员和校核人员记录

仪表名称	型　　号	计量编号	准确度	有效日期
验收校核者		验收试验者		

第三节　母　线　保　护

一、母线保护配置

（一）母线的接线方式

发电厂和变电所的母线是电力系统中的一个重要组成元件，与其他电气设备一样，母线及其绝缘子也存在着由于绝缘老化、污秽和雷击等引起的短路故障，此外还可能发生由值班人员误操作而引起的人为故障，母线故障造成的后果是十分严重的。当母线上发生故障时，将使连接在故障母线上的所有元件被迫停电。此外，在电力系统中枢纽变电所的母线上故障时，还可能引起系统稳定的破坏。一般说来，低压母线不采用专门的母线保护，而利用供电元件的保护装置就可以把母线故障切除。当双母线同时运行或单母线分段时，供电元件的保护装置则不能保证有选择性地切除故障母线，因此在超高压电网中普遍地装设专门的母线保护装置。

母线接线方式一般包括：单母线接线、单母线分段接线，双母接线、双母单分段/双分段节线，角形接线，3/2 接线，桥形接线（包括内桥接线和外桥接线）等。

（二）母线故障类型

在大型发电厂和枢纽变电站，母线连接元件甚多。主要连接元件除出线单元之外，尚有电压互感器、电容器等。

运行实践表明：在众多的连接元件中，由于绝缘子的老化，污秽引起的闪络接地故障和雷击造成的短路故障次数最多；母线电压和电流互感器的故障；运行人员的误操作，如带负荷拉隔离开关、带地线合断路器造成的母线短路故障，也时有发生。

母线的故障类型主要有单相接地故障和相间短路故障，而两相接地短路故障及三相短路故障的概率较少。

（三）母线保护介绍

当发电厂和变电站母线发生故障时，如不及时切除故障，将会损坏众多电力设备及破坏系统的稳定性，从而造成全厂或全变电站大停电，乃至全电力系统瓦解。因此，设置动作可靠、性能良好的母线保护，使之能迅速检测出母线上的故障并及时有选择性地切除故障是非常必要的。

1. 对母线保护的要求

（1）高度的安全性和可靠性。母线保护的拒动和误动将造成严重的后果。母线保护误动造成大面积的停电；母线保护拒动更为严重，可能造成电力设备的损坏及系统的瓦解。

（2）选择性强、动作速度快。母线保护不但要能很好地区分内部故障和外部故障，还要确定哪条或哪段母线故障。由于母线安全运行影响到系统的稳定性，尽早发现并切除故障尤为重要。

2. 对电流互感器的要求

母线保护应接在专用 TA 二次回路中，且要求在该回路中不接入其他设备的保护装置或测量表计。TA 的测量精度要高，暂态特性及抗饱和能力强。母线 TA 在电气上的安装位置，应尽量靠近线路或变压器一侧，使母线保护与线路保护或变压器保护有重叠保护区。

3. 大型发电厂及枢纽变电站母线保护类型

220kV 母线保护功能一般包括母线差动保护、母联相关的保护（母联失灵保护、母联死区保护、母联过联流保护、母联充电保护、母联非全相运行保护等）、断路器失灵保护。500kV 母线往往采用 3/2 接线，相当于单母线接线，其母线保护相对简单，一般仅配置母线差动保护，而断路器失灵保护往往置于断路器保护中。对重要的 220kV 及以上电压等级的母线都应当实现双重化，配置两套母线保护。

4. 与其他保护及自动装置的配合

母线保护关联到母线上的所有出线元件，因此，在设计母线保护时，应考虑与其他保护及自动装置相配合。

（1）母线保护动作、失灵保护动作后，对闭锁式保护作用于纵联保护停信；对允许式保护作用于纵联保护发信。当在断路器与 TA 之间发生短路故障或母线上故障断路器失灵时，采用上述措施后可使线路对侧的纵联保护动作于跳闸，否则对侧纵联保护不能跳闸导致故障不能快速切除。但母线保护动作停信与发信的措施在 3/2 接线方式中不能采用，因为在 3/2 接线方式中母线上的故障并不要求对侧断路器跳闸。

（2）闭锁线路重合闸。当母线上发生故障时，一般是永久性的故障。为防止线路断路器对故障母线进行重合，造成对系统又一次冲击，母线保护动作后，应闭锁线路重

合闸。

（3）启动断路器失灵保护。为使在母线发生短路故障而某一断路器失灵时失灵保护能可靠切除故障；或3/2接线，故障点在断路器与TA之间时，失灵保护能可靠切除故障，因此母线保护动作后，应立即去启动失灵保护。

（4）短接线路纵联差动本侧电流回路。对输电线路，为确保线路保护的选择性，通常配置线路纵联差动保护。当母线保护区内发生故障时，为使线路对侧断路器能可靠跳闸，母线保护动作后，应短接线路纵联差动保护的电流回路或发远跳命令去切除对侧断路器。

（5）使对侧平行线路电流横联差动保护可靠不动作。当平行线路上配置有电流横联差动保护时（两回线分别接在两条母线上），母线保护动作后，先跳开母联（或分段）断路器，同时闭锁电流横联差动保护，然后再跳开与故障母线连接的线路断路器。

（四）母线保护的基本配置

由于母线绝缘子或断路器套管可能发生闪络，运行人员误操作等原因，发电厂或变电站的母线存在着发生单相接地故障和多相短路故障的可能。根据运行统计，发电厂或变电站的母线发生单相接地故障和多相短路故障的概率虽然较少，年故障率在5次/（百条•年）以内，但在高压、特高压系统中，母线故障对系统冲击大、影响范围广，可能破坏系统的稳定运行，造成大面积的停电事故。因此，配置专门的母线保护来消除和缩小故障所造成的后果，是十分必要的。

母线保护的基本配置为，母线差动保护、母联充电保护、母联过电流保护、母联失灵与母联死区保护、断路器失灵保护，目前大多数地区母联充电保护和母联过电流解列保护是单独配置的，母联充电保护是相电流保护，母联过电流解列保护要配置相电流和零序过电流保护。

1. 220kV母线保护配置

（1）220kV母线形式。220kV配电装置常用的母线形式有双母线、双母单分段、双母双分段等方式，此类母线需配置专用的母线保护。而对于内桥或扩大内桥接线、线路—变压器组接线，其电气设备间连线的保护是靠线路保护和变压器保护之间保护范围的交叉来实现的。220kV母线应配置双套母线保护。

（2）220kV母线保护技术要求。对于220kV双母线接线的母线保护，其安全性要求较高，要求母线保护应具有比率制动特性。母线差动保护由分相式比率差动元件构成，母线大差比率差动元件用于判别母线区内故障和区外故障，母线小差比率差动元件用于故障母线的选择；同时，220kV双母线接线的母线保护还要求母线保护和失灵保护均装设电压闭锁元件，但由于其重要性，母联断路器及分段断路器不经电压闭锁。

母线保护在母线相继故障时应能经较短延时可靠切除故障。在母线上各元件进行倒闸时（包括母线互联等情况），需保证母线保护动作的正确性。

（3）220kV母线断路器失灵保护。220kV母线按远景配置双套失灵保护，双套失灵保护功能分别含在双套母差保护中，每套线路（或变压器压器）保护动作各启动一套失灵保护。母差和失灵保护应能分别停用。

母线接线的失灵保护应与母线保护共用出口回路，双重化配置的母线保护（含失灵保护），每套保护只作用于断路器的一组跳闸线圈。

对于变压器单元，220kV 母线故障且本侧变压器单元断路器失灵时，除应跳开失灵断路器相邻的全部断路器外，还应跳开本变压器连接其他电源侧的断路器。一般变压器单元断路器失灵启动后，为了使失灵保护能可靠动作，需解除失灵保护的电压闭锁回路220kV 母线保护对 TA 特性、保护动作时间及远景规划等的要求与 500kV 母线保护基本相同。

2. 110kV 及以下电压等级母线保护配置

110kV 母线按远景配置单套母线保护。110kV 线路保护是按远后备方式配置，因此，110kV 母线保护中无须具有断路器失灵保护功能。110kV 母线保护其余功能要求与 220kV 母线保护类似。

对发电厂和变电所的 35～110kV 电压的母线，在下列情况下应装设专用的母线保护：

（1）110kV 双母线；

（2）110kV 单母线、重要发电厂或 110kV 以上重要变电所的 35～66kV 母线，需要快速切除母线上的故障时；

（3）35～66kV 电力网中，主要变电所的 35～66kV 双母线或分段单母线需快速而有选择地切除一段或一组母线上的故障，以保证系统安全稳定运行和可靠供电。

对发电厂和主要变电所的 3～10kV 分段母线及并列运行的双母线，一般可由发电机和变压器的后备保护实现对母线的保护。在下列情况下，应装设专用母线保护：

（1）须快速而有选择地切除一段或一组母线上的故障，以保证发电厂及电力网安全运行和重要负荷的可靠供电时；

（2）当线路断路器不允许切除线路电抗器前的短路时。

对 3～10kV 分段母线宜采用不完全电流差动保护，保护装置仅接入有电源支路的电流。保护装置由两段组成，第一段采用无时限或带时限的电流速断保护，当灵敏系数不符合要求时，可采用电压闭锁电流速断保护；第二段采用过电流保护，当灵敏系数不符合要求时，可将一部分负荷较大的配电线路接入差动回路，以降低保护的启动电流。

二、母线保护的日常运维及巡视

本模块包含母线保护的巡视、运行维护项目和内容。通过要点介绍，能正确进行二次设备的正常巡视，并进行缺陷定性。

（一）二次设备的巡视检查项目

（1）检查继电保护及二次回路各元件应接线紧固，无过热、异味、冒烟现象，标识清晰准确，继电器外壳无破损，触点无抖动，内部无异常声响。

（2）检查交直流切换装置工作正常。

（3）检查继电保护及自动装置的运行状态、运行监视（包括液晶显示及各种信号灯

指示）正确，无异常信号。

（4）检查继电保护及自动装置屏上各小开关、切换把手的位置正确。

（5）检查继电保护及自动装置的压板投退情况符合要求，压接牢固，长期不用的压板应取下。

（6）检查记录有关继电保护及自动装置计数器的动作情况。

（7）检查屏内 TV、TA 回路无异。

（8）检查微机保护的打印机运行正常，不缺纸，无打印记录。

（9）检查微机保护装置的定值区位和时钟正常。

（10）检查电能表指示正常，与潮流一致。

（11）检查试验中央信号正常，无光字、告警信息。

（12）检查控制屏各仪表指示正常，无过负荷现象，母线电压三相平衡、正常，系统频率在规定的范围内。

（13）检查控制屏各位置信号正常。

（14）检查变压器远方测温指示和有载调压指示与现场一致。

（15）检查保护屏、控制屏下电缆孔洞封堵严密。

（二）继电保护及自动装置的运行维护

（1）应定期对微机保护装置进行采样值检查、可查询的开入量状态检查和时钟校对，检查周期般不超过一个月，并应做好记录。

（2）每年按规定打印一次全站各微机型保护装置定值，与存档的正式定值单核对，并在打印定值单上记录核对日期、核对人，保存该定值直到下次核对。

（3）应每月检查打印纸是否充足、字迹是否清晰，负责加装打印纸和更换打印机色带。

（4）加强对保护室空调、通风等装置的管理，保护室内相对湿度不超过 75%，环境温度应在 5～30℃范围内。

（三）母线保护缺陷分类

发现缺陷后，运行人员应对缺陷进行初步分类，根据现场规程进行应急处理，并立即报告值班调度及上级管理部门。设备缺陷按严重程度和对安全运行造成的威胁大小，分为危急、严重、一般三类。

1. 危急缺陷

危急缺陷是指性质严重，情况危急，直接威胁安全运行的隐患，应当立即采取应急措施，并尽快予以消除。

一次设备失去主保护时，一般应停运相应设备；保护存在误动风险，一般应退出该保护；保护存在拒动风险时，应保证有其他可靠保护作为运行设备的保护。以下缺陷属于危急缺陷：

（1）电流互感器回路开路。

（2）二次回路或二次设备着火。

（3）保护、控制回路直流消失。

（4）保护装置故障或保护异常退出模块。

（5）保护装置电源灯灭或电源消失。

（6）收发信机运行灯灭、装置故障、裕度告警。

（7）控制回路断线。

（8）电压切换不正常。

（9）电流互感器回路断线告警、差流越限，线路保护电压互感器回路断线告警。

（10）保护开入异常变位，可能造成保护不正确动作。

（11）直流接地。

（12）其他威胁安全运行的情况。

2. 严重缺陷

严重缺陷是指设备缺陷情况严重，有恶化发展趋势，影响保护正确动作，对电网和设备安全构成威胁，可能造成事故的缺陷。严重缺陷可在保护专业人员到达现场进行处理时再申请退出相应保护。缺陷未处理期间，运行人员应加强监视，保护有误动风险时应及时处置。以下缺陷属于严重缺陷：

（1）保护通道异常，如 3dB 告警等。

（2）保护装置只发告警或异常信号，未闭锁保护。

（3）录波器装置故障、频繁启动或电源消失。

（4）保护装置液晶显示屏异常。

（5）操作箱指示灯不亮，但未发控制回路断线信号。

（6）保护装置动作后报告打印不完整或无事故报告。

（7）就地信号正常，后台或中央信号不正常。

（8）切换灯不亮，但未发电压互感器断线告警。

（9）母线保护隔离开关辅助触点开入异常，但不影响母线保护正确动作。

（10）无人值守变电站保护信息通信中断。

（11）频繁出现又能自动复归的缺陷。

（12）其他可能影响保护正确动作的情况。

3. 一般缺陷

一般缺陷是指上述危急、严重缺陷以外的，性质一般，情况较轻，保护能继续运行，对安全运行影响不大的缺陷。以下缺陷属于一般缺陷：

（1）打印机故障或打印格式不对。

（2）电磁继电器外壳变形、损坏，不影响内部情况。

（3）GPS 装置失灵或时间不对，保护装置时钟无法调整。

（4）保护屏上按钮接触不良。

（5）有人值守变电站，保护信息通信中断。

（6）能自动复归的偶然缺陷。

（7）其他对安全运行影响不大的缺陷。

（四）母线保护及二次回路巡检信息采集

母线保护及二次回路巡检信息采集见表 3-9。

表 3-9　　母线保护及二次回路巡检信息采集

变电所名称		间隔名称	
巡检时间		天气情况	
巡检人员			

采集内容及记录				
序号	采集内容	采　集　数　据	结果	说明
1	装置面板及外观检查	运行指示灯正常		
		液晶显示屏正常		
		检查定值区号和整定单号与实际运行情况相符		
		打印功能正常		
2	屏内设备检查	各功能开关及方式开关符合实际运行情况		
		电源空气开关及电压空气开关符合要求		
		保护压板投入符合要求		
3	二次回路检查	端子排（箱）锈蚀		
		电缆支架锈蚀		
		交直流及强弱电电缆分离		
		接地、屏蔽、接地网符合要求		
4	红外测温	装置最高温度：　℃ 二次回路最高温度：　℃		
5	交流显示值检查	保护模拟量采样与监控采样的最大误差：　%		
6	开入量检查	开入量检查符合运行状况：		
7	装置差流检查	装置运行中大差差流：　A 装置运行中各小差差流：　A		
8	反措检查	执行最新反措要求		

三、母线保护的倒闸操作

（一）母线保护运行管理规定

（1）母线保护的状态有跳闸、信号和停用三种。

（2）母差保护跳闸状态，是指装置电源开启，跳闸、远跳、变压器失灵联跳等出口压板投入，母差、失灵保护功能压板投入，其他开入压板按整定单要求投退。

（3）母差保护信号状态，是指装置电源开启，跳闸、远跳、变压器失灵联跳等出口压板退出，母差、失灵保护功能压板投入，其他开入压板按整定单要求投退。

（4）母差保护停用状态，是指装置所有出口压板和功能压板均退出（不包括检修状态压板），装置电源关闭。

（5）调度对母线保护的发令一般只到信号状态（装置电源故障除外），停用状态一般由现场掌握，但应注意及时恢复到调度发令的信号状态。

（6）保护检修或校验后，倒闸操作前必须检查保护电源、压板及切换开关恢复检修或校验前的状态。

（7）投入运行中设备的保护出口跳闸压板之前，必须用高内阻电压表测量压板两端对地无异极性电压后，方可投入其跳闸压板。

（8）保护出口信号指示灯亮时严禁投入压板，应查明保护动作原因。操作压板时，应防止压板触碰外壳或相邻出口跳闸压板，造成保护装置误动作。

（9）新保护和新间隔启动前，应按照调度启动方案要求预设继电保护状态。

（10）220kV、110kV 母差保护。

1）母差保护根据母线接排的多样性，调度发令应明确保护范围，操作时应注意操作对象。220kV 双母双分段母线Ⅰ、Ⅱ段母差保护正常作为两个独立的调度设备单独进行操作。

2）开关改冷备用时，应取下母差保护屏上该开关母差出口压板，失灵保护跳该开关的出口压板，如线路保护具有远跳功能，还应取下母差保护上启动线路保护远跳线路对侧开关的功能压板。

3）开关改检修状态或该开关间隔的母差 TA 回路有工作，则该开关的母差 TA 要脱离母差回路（短时停用母差保护，母差流变回路短路接地，取下 TA 端子连接螺钉，抄录检查母差不平衡电流在允许范围，再投母差保护）。

4）母差 TA 端子切换后、母差保护投运前抄录母差不平衡电流在允许范围，包括大差及各小差。

5）母线倒排时，母差保护原则上不得停用，按正常方式运行；但应投入母差保护单母（母线互联）压板，倒排结束后应退出母差保护单母（母线互联）压板。

6）母线闸刀变位或母联（母分）开关变位后，应检查母差保护装置上有无异常报警信号、闸刀位置指示是否正确。

7）母联（母分）开关改热备用或开关检修时，应投入母差保护上该开关分列投入压板；改运行前退出。

（11）35kV 母线采取单母分段运行方式，35kV 母差只有在 35kV 母分开关改非自动时，才将 35kV 母差改为单母，放上 35kV 母差内联投入压板即可。220kV 变压器低压侧为 35kV 系统、有出线且配置母差保护的，变压器保护一般设两套定值，“1”区定值正常方式下使用，“2”区定值仅当对应 35kV 母差保护退出时使用。当 35kV 母差保护投退时，应包括对应变压器保护定值区切换的操作步骤。

（二）二次典型操作票（停复役）

以 220kV 为例：

1. 220kV 第一套母差保护由跳闸改为信号

操作内容：

（1）取下 220kV 母联开关第一套母差出口压板 LP11，并检查。

（2）取下 1 号变压器 220kV 开关第一套母差出口压板 LP12，并检查。

（3）取下 2 号变压器 220kV 开关第一套母差出口压板 LP13，并检查。

（4）取下×× 4Q17 开关第一套母差出口压板 LP16，并检查。

（5）取下×× 2407 开关第一套母差出口压板 LP18，并检查。

（6）取下×× 2408 开关第一套母差出口压板 LP19，并检查。

（7）取下 3 号变压器 220kV 开关第一套母差出口压板 LP22，并检查。

（8）取下×× 4Q18 开关第一套母差出口压板 LP23，并检查。

（9）取下×× 4Q17 开关第一套母差远跳压板 LP36，并检查。

（10）取下×× 4Q18 开关第一套母差远跳压板 LP43，并检查。

2. 220kV 第一套母差保护由信号改为跳闸

操作内容：

（1）检查 220kV 第一套母差保护无异常告警信号，抄录保护差流：大差：#A，Ⅰ母小差：#A，Ⅱ母小差：#A。

（2）测量 220kV 母联开关第一套母差出口压板 LP11 两端电压为零，并放上。

（3）测量 1 号变压器 220kV 开关第一套母差出口压板 LP12 两端电压为零，并放上。

（4）测量 2 号变压器 220kV 开关第一套母差出口压板 LP13 两端电压为零，并放上。

（5）测量×× 4Q17 开关第一套母差出口压板 LP16 两端电压为零，并放上。

（6）测量×× 2407 开关第一套母差出口压板 LP18 两端电压为零，并放上。

（7）测量×× 2408 开关第一套母差出口压板 LP19 两端电压为零，并放上。

（8）测量 3 号变压器 220kV 开关第一套母差出口压板 LP22 两端电压为零，并放上。

（9）测量×× 4Q18 开关第一套母差出口压板 LP23 两端电压为零，并放上。

（10）测量×× 4Q17 开关第一套母差远跳压板 LP36 两端电压为零，并放上。

（11）测量×× 4Q18 开关第一套母差远跳压板 LP43 两端电压为零，并放上。

3. 220kV 第一套母差保护由跳闸改为信号

操作内容：

（1）执行 220kV 第一套母差保护由跳闸改为信号程序化任务。

（2）退出 220kV 母联开关第一套母差保护跳闸出口 GOOSE 软压板 1TLP1，并检查。

（3）退出 1 号变压器 220kV 开关第一套母差保护跳闸出口 GOOSE 软压板 1TLP2，并检查。

（4）退出 2 号变压器 220kV 开关第一套母差保护跳闸出口 GOOSE 软压板 1TLP3，并检查。

（5）退出××23P2线开关第一套母差保护跳闸出口GOOSE软压板1TLP4，并检查。

（6）退出××23P3线开关第一套母差保护跳闸出口GOOSE软压板1TLP5，并检查。

（7）退出××4Q23线开关第一套母差保护跳闸出口GOOSE软压板1TLP6，并检查。

（8）退出××4Q24线开关第一套母差保护跳闸出口GOOSE软压板1TLP7，并检查。

（9）退出1号变压器220kV开关失灵第一套母差保护联跳1号变压器三侧GOOSE软压板1SLP8，并检查。

（10）退出2号变压器220kV开关失灵第一套母差保护联跳2号变压器三侧GOOSE软压板1SLP9，并检查。

（11）退出1号变压器220kV开关第一套母差保护失灵启动软压板1SLP2，并检查。

（12）退出2号变压器220kV开关第一套母差保护失灵启动软压板1SLP3，并检查。

（13）退出××23P2线开关第一套母差保护失灵启动软压板1SLP4，并检查。

（14）退出××23P3线开关第一套母差保护失灵启动软压板1SLP5，并检查。

（15）退出××4Q23线开关第一套母差保护失灵启动软压板1SLP6，并检查。

（16）退出××4Q24线开关第一套母差保护失灵启动软压板1SLP7，并检查。

4. 220kV第一套母差保护由信号改为跳闸

操作内容：

（1）执行220kV第一套母差保护由信号改为跳闸程序化任务。

（2）检查220kV第一套母差保护无报警信号。

（3）投入220kV母联开关第一套母差保护跳闸出口GOOSE软压板1TLP1，并检查。

（4）投入1号变压器220kV开关第一套母差保护跳闸出口GOOSE软压板1TLP2，并检查。

（5）投入2号变压器220kV开关第一套母差保护跳闸出口GOOSE软压板1TLP3，并检查。

（6）投入××23P2线开关第一套母差保护跳闸出口GOOSE软压板1TLP4，并检查。

（7）投入××23P3线开关第一套母差保护跳闸出口GOOSE软压板1TLP5，并检查。

（8）投入××4Q23线开关第一套母差保护跳闸出口GOOSE软压板1TLP6，并检查。

（9）投入××4Q24线开关第一套母差保护跳闸出口GOOSE软压板1TLP7，并检查。

（10）投入1号变压器220kV开关失灵第一套母差保护联跳1号变压器三侧GOOSE软压板1SLP8，并检查。

（11）投入2号变压器220kV开关失灵第一套母差保护联跳2号变压器三侧GOOSE软压板1SLP9，并检查。

（12）投入1号变压器220kV开关第一套母差保护失灵启动软压板1SLP2，并检查。

（13）投入2号变压器220kV开关第一套母差保护失灵启动软压板1SLP3，并检查。

（14）投入××23P2线开关第一套母差保护失灵启动软压板1SLP4，并检查。

（15）投入××23P3线开关第一套母差保护失灵启动软压板1SLP5，并检查。

（16）投入××4Q23线开关第一套母差保护失灵启动软压板1SLP6，并检查。

（17）投入××4Q24线开关第一套母差保护失灵启动软压板1SLP7，并检查。

四、母线保护的定期校验（以RCS915为例）

（一）前期准备

准备工作如下：

（1）根据工作任务，分析设备现状，明确检验项目，编制检验工作安全措施及作业指导书，熟悉图纸资料及上一次的定检报告，确定重点检验项目。

（2）检查并落实检验所需材料、工器具、劳动防护用品等是否齐全合格，检验所需设备材料齐全完备。

（3）班长根据工作需要和人员精神状态确定工作负责人和工作班成员，组织学习《电业安全工作规程》、现场安全措施和本标准作业指导书，全体人员应明确工作目标及安全措施。

检验工器具及材料：继电保护微机试验仪及测试线、万用表、摇表、钳形相位表等、电源盘（带漏电保护器）、专用转接插板、绝缘电阻表等；电源插件、绝缘胶布。

图纸资料：与实际状况一致的图纸、最新定值通知单、装置资料及说明书、上次检验报告、作业指导书、检验规程。

（二）运行安措（状态交接卡）

（1）误走错间隔，误碰运行设备检查在变压器保护屏前后应有“在此工作”标示牌，相邻运行屏悬挂红布幔。

（2）同屏运行设备和检修设备应相互隔离，用红布幔包住运行设备（包括端子排、压板、把手、空气开关等）。

（3）对安全距离不满足要求的未停电设备，应装设临时遮拦，严禁跨越围栏，越过围栏，易发生人员触电事故，现场须设专人监护。

（4）工作不慎引起交、直流回路故障工作中应使用带绝缘手柄的工具。拆动二次线时应做绝缘处理并固定，防止直流接地或短路。

（5）电压反送、误向运行设备通电流试验前，应断开检修设备与运行设备相关联的电流、电压回路。

（6）检修中的临时改动，忘记恢复二次回路、保护压板、保护定值的临时改动要做好记录，坚持“谁拆除谁恢复”的原则。

（7）接拆低压电源时、人身触电接拆电源时，至少有两人执行，应在电源开关拉开的情况下进行。所使用电源应装有漏电保护器。禁止从运行设备上接取试验电源。

（8）攀爬变压器时，高空作业易造成高空坠落等人身伤亡事故，应正确使用安全带，并做好现场监护。

（9）保护传动配合不当，易造成人员伤害及设备事故传动时应征求工作总负责人、值班负责人同意，并设专人现场监护。

（10）联跳回路未断开，误跳运行开关核实被检验装置及其相邻的二次设备情况，与运行设备关联部分的详细情况，制定技术措施，防止误跳其他开关（误跳母联、旁路、分段开关，误启动失灵保护）。

（11）旁路TA回路开路（误开旁路转代用TA试验端子造成TA开路）检查旁路TA回路时切勿开路并做明显标记。

（三）调试

1. 试验注意事项

（1）进入工作现场，必须正确穿戴和使用劳动保护用品。

（2）按工作票检查一次设备运行情况和措施、被试保护屏上的运行设备。

（3）工作时应加强监护，防止误入运行间隔。

（4）检查运行人员所做安全措施是否正确、完备。

（5）检查所有压板位置，并做好记录。

（6）检查所有把手及空气开关位置，并做好记录。

（7）电流回路外侧先短接，再将电流回路划片划开；将电压回路划片划开，并用绝缘胶布包好。

（8）控制回路、联跳和失灵（运行设备）回路应拆除外接线并用绝缘胶布封好，对应压板退出，并用绝缘胶布封好。

（9）拆除信号回路、故障录波回路公共端外接线并用绝缘胶布封好。

（10）保护装置外壳与试验仪器必须同点可靠接地，以防止试验过程中损坏保护装置的元件。

（11）使用三相对称和波形良好的工频试验电源。

（12）检查实际接线与图纸是否一致，如发现不一致，应以实际接线为准，并及时向专业技术人员汇报。

2. 交流回路校验

以下试验在不作说明时，均断开保护屏上的出口压板。

在保护屏端子上分别加入各母线电压和各支路元件及母联电流，在液晶显示屏上显示的采样值应与实际加入量相等，其误差应小于±5%。

同上所述方法一样，校验管理板的交流量采样精度误差应小于±5%。

3. 输入触点检查

在保护屏上分别进行隔离开关位置触点的模拟导通和各压板的投退，在液晶显示屏上显示的开入量状态应有相应改变。

同上所述方法一样，校验管理板的开入量状态有相应改变。

4. 整组试验

（1）母线差动保护。投入母差保护压板及投母差保护控制字。

1）区外故障。短接元件1的Ⅰ母线隔离开关位置触点及元件2的Ⅱ母线隔离开关位

置触点。

将元件 2 TA 与母联 1 TA 同极性串联，再与元件 1 TA 反极性串联，模拟母线区外故障。通入大于差流启动高定值的电流，并保证母差电压闭锁条件开放，保护不应动作。

2）区内故障。短接元件 1 的 Ⅰ 母线隔离开关位置触点及元件 2 的 Ⅱ 母线隔离开关位置触点。

将元件 1 TA、母联 1 TA 和元件 2 TA 同极性串联，模拟 Ⅰ 母线故障。通入大于差流启动高定值的电流，并保证母差电压闭锁条件开放，保护动作跳 Ⅰ 母线。

将元件 1 TA 和元件 2 TA 同极性串联，再与母联 1 TA 反极性串联，模拟 Ⅱ 母线故障。通入大于差流启动高定值的电流，并保证母差电压闭锁条件开放，保护动作跳 Ⅱ 母线。

短接元件 14 的 Ⅲ 母线隔离开关位置触点及元件 15 的 Ⅱ 母线隔离开关位置触点。

将元件 14 TA、母联 2 TA 和元件 15 TA 同极性串联，模拟 Ⅲ 母线故障。通入大于差流启动高定值的电流，并保证母差电压闭锁条件开放，保护动作跳 Ⅲ 母线。

3）比率制动特性。短接元件 1 及元件 2 的 Ⅰ 母线隔离开关位置触点。

向元件 1 TA 和元件 2 TA 加入方向相反、大小可调的一相电流，分别检验差动电流启动定值 I_{Hcd} 和比率制动特性。

4）电压闭锁元件。在满足比率差动元件动作的条件下，分别检验保护的电压闭锁元件中线低电压和负序电压定值，误差应在±5%以内。

5）互联方式。投 Ⅰ～Ⅱ 母线互联压板，模拟 Ⅰ 母线故障，保护动作跳 Ⅰ、Ⅱ 母线；模拟 Ⅱ 母线故障，保护动作跳 Ⅰ、Ⅱ 母线；模拟 Ⅲ 母线故障，保护动作跳 Ⅲ 母线。

按类似试验方法检验 Ⅰ～Ⅲ 母线互联和 Ⅱ～Ⅲ 母线互联情况下的保护动作行为。

6）投母联带旁路方式。投入母联带路压板及投母联 1 兼旁路控制字，短接元件 1 的 Ⅰ 母线隔离开关位置和母联 1 Ⅰ 母线带路开入。

将元件 1 TA 和母联 1 TA 反极性串联通入电流，装置差流采样值均为零，将元件 1 TA 和母联 1 TA 同极性串联通入电流，装置大差及 Ⅰ 母线小差电流均为两倍试验电流；投入带路 TA 极性负压板，将元件 1 TA 和母联 1 TA 同极性串联通入电流，装置差流采样值均为零，将元件 1 TA 和母联 1 TA 反极性串联通入电流，装置大差及 Ⅰ 母线小差电流均为两倍试验电流。

按类似试验方法检验母联 1 Ⅱ 母带路和母联 2 带旁路的各种情况。

（2）母联充电保护。当任一组母线检修后再投入之前，利用母联断路器对该母线进行充电试验时可投入母联充电保护，当被试验母线存在故障时，利用充电保护切除故障。

投入母联 1 充电保护压板及投母联 1 充电保护控制字。

短接母联 1 TWJ 开入（TWJ=1），向母联 1 TA 通入大于母联充电保护定值的电流，母联充电保护动作跳母联。

按类似试验方法检验母联 2 和分段开关的充电保护功能。

（3）母联过电流保护。在母联过电流保护投入时，当母联电流任一相大于母联过电流整定值，或母联零序电流大于零序过电流整定值时，母联过电流启动元件动作去控制母联过电流保护部分。

母联过电流保护在任一相母联电流大于过电流整定值，或母联零序电流大于零序过电流整定值时，经整定延时跳母联开关，母联过电流保护不经复合电压元件闭锁。

投入母联1过电流保护压板及投母联1过电流保护控制字。

向母联1 TA通入大于母联过电流保护定值的电流，母联过电流保护经整定延时动作跳母联。

按类似试验方法检验母联2和分段开关的过电流保护功能。

（4）母联失灵保护。当保护向母联发跳令后，经整定延时母联电流仍然大于母联失灵电流定值时，母联失灵保护经两母线电压闭锁后切除两母线上所有连接元件。通常情况下，只有母差保护和母联充电保护才启动母联失灵保护。

按上述试验步骤模拟Ⅰ母线区内故障，保护向母联1发跳令后，向母联1 TA继续通入大于母联失灵电流定值的电流，并保证Ⅰ、Ⅱ母电压闭锁条件均开放，经母联失灵保护整定延时母联失灵保护动作切除Ⅰ、Ⅱ母上所有的连接元件。

按类似试验方法检验母联2和分段开关的失灵保护功能。

（5）母联死区保护。若母联开关和母联TA之间发生故障，断路器侧母线跳开后故障仍然存在，正好处于TA侧母线小差的死区，为提高保护动作速度，专设了母联死区保护。母联死区区分为母联在合位和分位两种情况。

1）母联开关处于合位时的死区故障。用母联1跳闸触点模拟母联1跳位开入触点，按上述试验步骤模拟Ⅱ母线区内故障，保护发Ⅱ母线跳令后，继续通入故障电流，经整定延时T_{sq}母联死区保护动作将Ⅰ母线也切除。

2）母联开关处于跳位时的死区故障。短接母联1 TWJ开入（TWJ=1），短接元件1的Ⅰ母线隔离开关位置，将元件1 TA、母联1 TA反极性串联，模拟死区故障。保护应只跳Ⅰ母线。注意：故障前Ⅰ、Ⅱ母线电压必须均大于$0.3U_n$，另外故障时间不要超过300ms。

按类似试验方法检验母联2和分段开关的死区保护功能。

（6）交流电压断线报警。

1）模拟单相断线，母线电压$3U_2$大于12V，即断线相残压＜44V时，延时1.25s报该母线TV断线。

2）模拟三相断线，母线电压低于70V，并在母联TA通入大于$0.04I_N$电流。延时1.25s报该母线TV断线。

（7）交流电流断线报警。

1）在电压回路施加三相平衡电压，在任一支路通入三相平衡电流＞I_{DX}，延时5s发TA断线报警信号。

2）在任一支路通入电流＞I_{DXBJ}，延时5s发TA异常报警信号。

5. 输出触点检查

（1）短接支路01的隔离开关位置，将装置定值“系统参数”中“线路01 TA调整系

数”整定为 1，在支路 01 TA 中通入大于差流启动高定值的电流，元件 01 的两对跳闸触点应由断开变为闭合（应根据屏图检查到相应的屏端子上，下同）。短接支路 02 的隔离开关位置，仍在支路 01 TA 中通入故障电流，元件 02 的两对跳闸触点应由断开变为闭合。按此方法依次检查所有的跳闸触点。

（2）关掉装置直流电源，装置闭锁的远动、事件记录和中央信号触点应由断开变为闭合。

（3）模拟交流回路断线，交流断线报警的远动和事件记录信号以及报警中央信号触点应由断开变为闭合。

（4）改变任一隔离开关位置开入，隔离开关位置报警的远动和事件记录信号以及报警中央信号触点应由断开变为闭合。

（5）短接母联跳位开入（TWJ=1），在母联 TA 任意相通入大于 $0.04I_N$ 的电流，延时 5s 报“母联 TWJ 报警”，其他报警的远动、事件记录和中央信号触点应由断开变为闭合。

（6）投入母差保护压板及投母差保护控制字，模拟 I 母线故障，保护动作跳 I 母线，跳 I 母线的远动和事件记录信号以及跳 I 、Ⅱ母线中央信号触点应由断开变为闭合。

（7）按（6）所述方法检查母差跳Ⅱ母线及跳Ⅲ母线的远动、事件记录及中央信号触点。

（8）投入母联 1 充电保护压板及投母联 1 充电保护控制字，模拟母联 1 充电到故障母线，母联充电保护动作跳母联 1，母联保护的远动、事件记录和中央信号触点应由断开变为闭合。

6. 开关传动试验

投入母差保护压板及投母差保护控制字，投入跳闸出口压板，模拟母线区内故障进行开关传动试验。

7. 带负荷试验

母线充电成功带负荷运行后，进入“保护状态”菜单查看保护的采样值及相位关系是否正确。

8. 保护装置定值、采样和开关量最终核查

在新投产前或定期校验工作结束时应进行定值、采样和开入量核查。按保护屏上的打印按钮，保护装置打印出一份定值、开关量状态及自检报告，其中定值报告应与定值整定通知单一致；开关量状态与实际运行状态一致；自检报告应无保护装置异常信息。

差流及采样值核查时应进行以下检查：保护装置采样值检查、保护装置开关量检查、装置大差/小差电流检查。

差流要求：在保证系统二次接线正确，TA 传变特性良好的前题下正常差流范围如下（I_N=5A）：

母线上连接元件的个数＜10，差流＜0.20A；

母线上连接元件的个数≥10，差流＜0.30A。

五、母线保护的异常及处理

母差保护作为母线设备的主保护，能够快速地切除母线设备上发生的各种类型的故障，确保正常母线及其出线的正常运行，对维护电网安全稳定运行起着极其重要的作用。当母线故障，若未装设专用的母差保护或者母差保护拒动时，则需要靠相邻的后备保护切除故障，将延长故障切除时间，并且往往要扩大停电范围，甚至造成系统大面积停电，所以对母差保护往往要求比其他保护具有更高的要求及可靠性。因此针对母差保护常见的异常情况进行分析，确保保护安全可靠地运行。

母差保护异常的主要有“交流电流回路断线”“交流电压回路断线”“开入异常分析”“装置内部故障闭锁”“母线保护装置液晶屏幕闪烁、黑屏”“母差保护告警无法复归处理”等，本小节主要针对以上几种异常进行分析处理。

（一）TA 断线

（1）母差保护装置上出现“TA 断线”告警灯亮。由于所有母线差动保护均是反映母线上各连接单元 TA 二次电流的相量和的，所以一旦发生 TA 断线，都将延时 5～10s 发出“TA 断线”告警信号，若果检测为母联 TA 断线则改为单母方式，检测为其他间隔的 TA 断线则自动闭锁母差保护，使母线设备故障时失去主保护，必将延长故障时间，甚至使故障范围扩大，损害电气设备，更严重的还会破坏电力系统的稳定性，导致系统局部解列等。

（2）一般来说，引起母差保护电流回路断线的原因主要有：其中一路母差保护 TA 本身发生故障，导致输出电流不正常；母差保护 TA 二次回路开路；母差保护装置内部发生故障；母差保护双位置继电器故障；母差保护二次电流输入回路接线端子松动；装置误发信。

（3）当母差保护发生“TA 断线”异常时，变电运检人员应即刻赶赴现场开展检查。迅速查明出现“TA 断线”异常的母差保护，检查“TA 断线”异常产生的原因，分析判断是否存在误发信的可能。运检人员在现场检查时，应做好个人安全防护，防止因 TA 二次开路危及人身及设备的安全。

（4）当母差保护发生“TA 断线”异常时，运检人员应对母差保护差流情况开展检查，记录差流数据，若存在差流异常时，应向相关调度申请差动保护改信号；差动保护改信号后，运检人员应对差动保护各侧输入电流进行检查，检查中发现某侧电流异常，则可能是该路电流回路存在异常；检查中可通过电流检测、红外测温、声音及气味辨识等方法，判断电流回路是否有发热、放电现象；若未发现保护电流回路有明显的异常现象，则可以判断“TA 断线”是由保护装置内部故障引起的。

（5）若母差保护某一路 TA 二次电流回路存在开路现象需要停电进行进一步检查的，则向相关调度申请将该支路开关改冷备用后进行；若因保护装置内部原因引起的，可向相关调度申请将母差保护改信号后，做进一步检查。

（6）当母差保护发生“TA 断线”异常时，检查中阻抗母差保护双位置继电器动作情

况是否与实际设备一次接线相符；若是双位置继电器故障引起，变电运检人员现场检查未发现其他异常时，则应向相关调度汇报及管理部门，申请将该套母差保护改信号，更换继电器并试验正确。

（二）TV 断线

（1）母差保护装置上出现“TV 断线”告警灯亮。母差保护装设复合电压闭锁元件主要是为了防止由于母差保护和失灵保护被误启动或者出口继电器被误碰后引起的断路器误跳闸，可提高母差保护的可靠性。母差保护交流电压回路断线并不影响母差保护的其他功能。

（2）运检人员现场检查时应通过对监控告警信息、保护装置告警信息、现场目测现象、气味及电压测量综合判断，确定“TV 断线”异常产生的原因，针对性开展处理。

（3）一般情况下，造成母差保护“交流电压回路断线”的原因主要有：母线电压互感器二次回路异常引起；母差保护屏上的交流电压空气开关跳开；母差保护交流电压输入回路接线端子松动或者接触不良；复合电压继电器内部逆变电源故障等。

（4）当母差保护发生“TV 断线”异常时，变电运检人员应即刻赶赴现场开展检查。迅速查明出现“TV 断线”异常的母差保护，检查“TV 断线”异常产生的原因，分析判断是否存在误发信的可能。运检人员在现场检查时，应做好个人安全防护，防止发生 TV 二次短路或接地。

（5）当母差保护发生“TV 断线”异常时，若是由于母线电压互感器二次回路异常所引起，变电运检人员重点对母线电压并列切换装置进行检查。检查并列装置直流电源是否正常，该装置直流电源异常即发“电压并列装置异常”或“直流消失”信号。检查并列装置交流电压输入是否正常。一般情况下正、副母线二次交流输入同时出现异常的可能性较低，但若端子排接线布置不合理或者并列回路异常也有可能一组电压回路故障造成两组低压断路器同时跳开的情况。

（6）当母差保护发生“TV 断线”异常时，若是由于母差保护屏上的保护交流电压空气开关跳开所引起，变电运检人员应试合一次跳开的保护电压空气开关，若试合成功保护“TV 断线”异常信号复归，变电运检人员应继续加强观察一段时间，确认异常消除后向相关调度及上级管理部门汇报；若保护电压空气开关试合失败，此时应向相关调度汇报，申请将该套母差保护改信号，然后查明该套保护电压二次回路故障原因，并向相关调度及管理部门汇报。

（7）当母差保护发生“TV 断线”异常时，变电运检人员现场检查未发现上述及其他异常时，可判断是由母差保护二次电压输入回路接线端子松动引起，此时应对电压回路电压情况逐段测量，将疑是回路端子逐个进行检查，发现松动立即紧固，直至异常消失。在进行电压二次回路检查时，运检人员可向调度申请将该套母差保护改信号。

（8）若只是母差保护“TV 断线”告警信号，而其他线路保护等均未告警，则可确定是母差保护交流电压回路异常，可通过逐级测量电压的方法来查找故障点；若输入保护装置的母线电压也正常，则可判断是装置内部故障引起，需要进一步进行检查确认。若母差保护交流电压不能在短时间内恢复正常，而且有一组交流电压输入正常的情况下，可通过母线电压互感器二次并列的办法暂时解决“TV 断线”的问题。

（三）开入异常分析

（1）对于微机型母差保护发出“开入异常”“装置异常”告警。对于中阻抗母差保护开入异常，支路隔离开关位置信号灯熄灭。一般微机母差保护装置都有隔离开关辅助触点状态自动修正功能，当发现一副隔离开关辅助触点状态与实际不符时，大差电流小于 TA 断线定值，而小差电流大于 TA 断线定值时延时 10s 发隔离开关位置报警信号，可以通过各支路电流的分配情况进行自动修正，基本不影响母差保护的正常运行，但由于受负荷电流变化及保护装置重启影响，自动修正功能会失效。无论哪条母线发生故障时，将切除 TA 调整系数不为 0 且无隔离开关位置的支路。

（2）运检人员现场检查时应通过对监控告警信息、保护装置告警信息，确定“开入异常”产生的原因，针对性开展处理。

（3）一般来说，造成母差保护“开入异常”的原因主要有：

1）隔离开关辅助触点切换不良或者接触不良；

2）辅助触点开入回路中存在接触不良等得异常情况。

（4）当母差保护出现“开入异常”告警信号时，变电运检人员发现母差保护“开入异常”告警后可按照以下步骤进行检查处理：

1）确定“开入异常”支路，这可以直接通过检查母差保护开入量状态或者隔离开关位置信号灯情况得知；

2）根据实际接线情况，人工修正开入量状态；

3）检查造成“开入异常”的原因，通过检查开入异常支路的测控开入、保护开入及计量电压情况进行辅助判断，若同时出现异常，则说明是辅助触点切换不良；若其他装置开入正常，则可能是引入母差保护的辅助触点接触或者开入回路异常。

（5）当母差保护出现“开入异常”异常时，若是由于隔离开关辅助触点切换不良所引起，变电运检人员应检查隔离开关辅助触点的切换情况，及时将辅助触点切换位置调整到位，或者调整至切换正常的备用辅助触点；一般情况下可进行不停电处理。

（6）当母差保护出现“开入异常”异常时，若为辅助触点开入回路中存在接触不良引起，则应向相关调度汇报，申请将该母差保护改信号，然后查明该回路异常原因，并向相关调度及管理部门汇报。

（四）装置内部故障闭锁

（1）微机母差保护发出“装置异常”“装置闭锁”等告警，并显示相关异常信息。装置内部异常闭锁或直流消失后母差保护将失去保护功能，使母线设备故障时失去主保护，严重影响设备的安全运行及系统的稳定运行，必须立即调整相关保护的运行方式，以确保系统的安全运行。

（2）一般情况下，引起母差保护装置闭锁的异常包括：

1）保护板及管理板的内部出错；

2）程序出错；

3）定值出错；

4）保护硬件异常。

（3）当母差保护发生“装置闭锁”异常时，变电运检人员应即刻赶赴现场开展检查。迅速查明出现“装置闭锁”异常的母差保护，检查“装置闭锁”异常产生的原因，分析判断是否存在误发信的可能。运检人员在现场检查时，应做好个人安全防护。

（4）当母差保护发生“装置闭锁”异常时，变电运检人员应立即进行现场检查，现场检查线路保护屏上是否显示有异常信息。

（5）若母差保护发生“装置闭锁”异常时，现场检查发现母差保护屏有异常报文，变电运检人员现场检查未发现其他异常时，则应向相关调度及管理部门汇报，申请将该套母差保护改信号，待进一步处理。

（五）母线保护装置液晶屏幕闪烁、黑屏

（1）保护装置黑屏且伴随通信终端、直流失电告警。保护装置黑屏或者通信中断后母差保护将失去保护功能，使母线设备故障时失去主保护，严重影响设备的安全运行及系统的稳定运行，必须立即调整相关保护的运行方式，以确保系统的安全运行。

（2）运检人员现场检查时应通过对保护装置告警信息，确定保护装置液晶屏幕闪烁、黑屏产生的原因，针对性开展处理。

（3）一般情况下，引起保护装置黑屏且伴随通信中断、直流失电告警，往往是由于装置电源失去或者电源插件故障等原因引起的，若没有通信中断、直流失电信号，则可能是液晶屏幕或者液晶排线故障。

（4）母线保护装置出现液晶屏幕闪烁、黑屏，是由于电源故障引起的，此时应更换空气开关或者整理、更换配线。

（5）母线保护装置出现液晶屏幕闪烁、黑屏，是由于电源插件故障引起，变电运检人员现场检查未发现其他异常时，则应向相关调度及管理部门汇报，申请将该套母差保护改信号，更换电源插件。

（6）若母差保护液晶屏幕故障，则应向相关调度及管理部门汇报，申请将该套母差保护改信号，对故障元件进行更换或者直接更换面板。更换后进行相关测试，确认面板恢复正常。

（六）母差保护告警无法复归处理

（1）母线保护装置面板上“告警”灯亮，且无法复归。直至显示“DSP 出错或者长期启动”“面板通信出错”等报文。

（2）运检人员现场检查时应通过对监控告警信息、保护装置告警信息，确定母线保

护告警无法复归产生的原因，针对性开展处理。

（3）一般情况下，引起母线保护告警无法复归处理的原因主要有：

1）开入异常；

2）DSP 出错或长期启动；

3）面板通信出错等。

（4）当母差保护告警无法复归，是由于 DSP 出错或长期启动，此时母差保护装置实际是被闭锁。此时应向相关调度及管理部门汇报，告知保护装置缺陷情况，进行处理。

（5）当母差保护告警无法复归，是检查保护装置上显示“面板通信出错”，此时不需要停用保护装置。打开保护装置前面板，检查面板上各芯片是否已插紧，否则应进行紧固处理。若面板上排线已有明显破损、断裂，应进行更换处理。

（七）运行中的母差保护“运行指示灯熄灭”

（1）运行中的母差保护“运行指示灯熄灭”，则表示该母差保护装置已退出运行，保护功能已经失去，在发生母线范围内故障时，该母差保护装置无法正确动作。

（2）当运行中的母差保护“运行指示灯熄灭”时，运检人员应迅速赶赴现场检查确认，结合监控告警信息、母差保护指示灯、母差保护装置面板的现象，若确认母差保护装置运行指示灯已熄灭，并且保护装置面板无显示时，应立即汇报相关调度申请将该母差保护改信号，并报告上级管理部门，保护停用后，即刻开展现场检查和处理。

（3）运行中的母差保护出现“运行指示灯熄灭”的原因一般有：

1）母差保护装置直流电源空气开关跳开，或直流电源回路出现断线及直流端子松动导致直流电源消失；

2）母差保护装置电源模块故障或损坏；

3）母差保护装置出现严重内部故障。

（4）当发生运行中的母差保护“运行指示灯熄灭”异常时，运检人员在现场处理过程中应注意：若母线保护双套保护配置时，运检人员在向调度申请保护改信号时，应申请将该套母差保护改信号，此时应确保另一套完整的母差保护在运行中，否则应申请将母线停电进行处理。

（5）当运行中的母差保护出现“运行指示灯熄灭”，运检人员现场检查发现原因是由于母差保护装置直流电源空气开关跳开，或直流电源回路出现断线及直流端子松动导致直流电源消失引起的，在将该母差保护改为信号后，开展如下方法处理：

1）运检人员现场检查未发现有其他异常情况时，可先将跳开的直流电源空气开关试合一次，若试合成功，运检人员应对母差保护装置启动后进行检查，确认保护装置已经恢复正常运行，无任何异常告警信息；

2）若运检人员试合跳开的直流电源空气开关失败，此时运检人员严禁再将该直流电源空气开关合上，必须查明原因，对该直流电源回路进行全面检查，查找是否有短路或接地的现象，通过回路电阻测量、绝缘检测等方法，确定并消除故障，随后方能再次试合该直流电源空气开关；

3）若母差保护直流电源空气开关并未跳开，但现场检查进入该装置直流电源无电压，运检人员应对该直流电源回路进行分段测量电压，查找直流电源无电压原因，判断是否因直流电源回路出现断线及直流端子松动导致直流电源消失，若为断线引起，可查找该回路是否有可利用的电缆备用芯进行更换，或者将该断线部位通过在端子排加短接线跨接，若是由端子松动引起，则将松动端子进行紧固；

4）上述异常情况处理完毕后，保护装置若带电运行正常，运检人员仍然需要继续监视一段时间，确认无其他异常后，方可向调度申请将母差保护改为跳闸状态。

（6）当运行中的母差保护出现“运行指示灯熄灭”，运检人员现场检查发现母差保护装置有异常气味时，现场检查判断可能因母差保护装置电源模块故障或损坏引起，应暂时不将母差保护直流电源空气开关试合，先对母差保护装置电源模块插件及保护插件进行详细检查，若确认为电源模块故障或损坏引起，则应选用相同型号、规格的电源模块进行更换，更换完成确认无其他异常后，再将母差保护直流电源空气开关进行试合，试合正常后运检人员仍然需要继续监视一段时间，确认无其他异常后，方可向调度申请将母差保护改为跳闸状态。

（7）当运行中的母差保护出现“运行指示灯熄灭”，运检人员现场检查发现是由于母差保护装置出现严重内部故障所引起，此时应汇报上级部门申请更换母差保护装置，在该母差保护装置更换后，输入保护定值进行保护传动试验，试验正确后汇报调度申请母差保护改为跳闸；母差保护装置更换应结合实际，必要时需将新更换的母差保护进行带负荷试验后，方可改为跳闸状态。

六、母线保护的验收

（一）安装工艺验收

（1）屏柜外观检查：装置型号正确，装置外观良好，面板指示灯显示正常，切换断路器及复归按钮开入正常。保护屏间隔前后都应有标志，屏内标识齐全、正确，与图纸和现场运行规范相符。屏柜附件安装正确（门开合正常、照明等设备安装正常，标注清晰）。

（2）二次电缆检查：电缆型号和规格必须满足设计和反措的要求。电缆及通信联网线标牌齐全正确、字迹清晰，不易褪色，须有电缆编号、芯数、截面积及起点和终点命名。所有电缆应采用屏蔽电缆，断路器场至保护室的电缆应采用铠装屏蔽电缆。电缆屏蔽层接地按反措要求可靠连接在接地铜排上，接地线截面积≥$4mm^2$。端子箱与保护屏内电缆孔及其他孔洞应可靠封堵，满足防雨防潮要求。

（3）二次接线检查：回路编号齐全正确、字迹清晰，不易褪色。正负电源间至少隔一个空端子，在跳闸端子的上下方不应设置正电源端子，每个端子最多只能并接二芯，严禁不同截面积的二芯直接并接。端子排及装置背板二次接线应牢固可靠，无松动，备用间隔电流回路的大电流试验端子，保护装置侧应开路。

（4）抗干扰接地检查：电流回路接地点应在保护小室的大电流试验屏上，电流回路接线正确，接地可靠，辅助流变屏蔽接地可靠。保护屏内必须有≥100mm^{2}接地铜排，所有要求接地的接地点应与接地铜排可靠连接，并用截面积≥50mm^{2}多股铜线和二次等电位地网直接连通。

（5）连接片和切换片：连接片应开口向上，相邻间距足够，保证在操作时不会触碰到相邻连接片或继电器外壳，穿过保护柜（屏）的连接片导杆必须有绝缘套，屏后必须用弹簧垫圈紧固，跳闸线圈侧应接在出口压板上端。

（二）交直流电源验收

（1）直流电源独立性检查：保护装置和断路器控制回路的直流电源，应分别由专用的直流电源空气开关（熔断器）供电。

（2）空气开关配置原则检查：保护装置交流电压空气开关要求采用B02型，保护装置电源空气开关要求采用B型并按相应要求配置。

（3）失电告警检查：当任一直流电源空气开关断开造成保护、控制直流电源失电时，都必须有直流断电或装置异常告警，并有一路自保持触点，两路不自保持触点。

（4）开入电源检查：保护装置的24V开入电源不应引出保护室。

（三）保护装置验收

（1）铭牌及软件版本检查：装置铭牌与设计一致，装置软件版本与整定单一致。

（2）双重化配置检查：双重化配置的母差保护宜取自不同的TA、TV二次绕组，保护及其控制电源应满足双重化配置要求，每套保护从保护电源到保护装置到出口必须采用同一组直流电源；两套保护装置及回路之间应完全独立，不应该有直接电气联系。

（3）辅助流变检查：各间隔单元参数配置应与实际一次设备相对应，辅助流变变比和设计、整定单一致。

（4）时钟同步装置：装置已接入同步时钟信号，并对时正确。

（5）开入量检查：模拟实际动作触点检查保护装置各开入量的正确性，部分不能实际模拟动作情况的开入触点可用短接动作触点方式进行。双母接线隔离开关重动（开入）回路应与隔离开关实际状态对应（有条件时应实际操作隔离开关进行试验，否则应在隔离开关辅助触点处用短接或断开隔离开关辅助触点的方法进行试验）。

（6）差动功能及回路检查：根据装置校验规程进行全部校验并形成校验报告。母线互联回路：检查双母接线任意一个间隔正、副母线隔离开关同时投入或互连压板投入时，互联动作。母联分裂回路中应检查双母线接线分裂压板与母联TWJ与门关系。电压闭锁回路中应检查母线差动保护出口经相应母线复压元件闭锁（母联、母分不经电压闭锁）。母联（分段）失灵保护相电流判别元件、延时整定正确。每套母线保护一一对应各启动线路保护一套操作箱的跳闸重动继电器TJR。

（7）失灵功能及回路检查：失灵保护与母差保护共用出口并经复压元件闭锁。按单元配置失灵电流判别元件、时间及出口元件，每套线路保护及变压器保护各启动一套失灵保护。对变压器单元，具备“解除失灵保护复压闭锁”开入触点，并具备母线故障变压器 220kV 断路器失灵联跳出口功能。运维及检修人员在母线保护屏前检查装置上各类信号是否正常和在该屏前、后记录试验数据（如图 3－9 所示）。

图 3－9　运维及检修人员在母线保护屏前检查装置上各类信号和记录试验数据

（四）跳合闸回路验收

（1）跳合闸动作电流校核：在额定直流电压下进行试验，校核跳合闸回路的动作电流满足要求。

（2）直流电源一致性检查：分别拉开 1 号/2 号母联（正/副母分段）断路器的各组控制电源，第一/二套母差保护跳闸出口与第一/二直流电源对应正确。

（3）母差保护出口回路检查：第一套母差保护动作跳各单元第一组跳回路正确；第二套母差保护动作跳各单元第二组跳回路正确；第一套母差保护变压器失灵联跳回路正确；第二套母差保护变压器失灵联跳回路正确。

（五）保护信息验收

（1）保护装置与后台及子站：保护装置与后台及子站整个物理链路及供给电源的标识应齐全、正确，与示意图相符，容易辨识。

（2）监控后台通信状态监视：监控后台相关保护通信状态正常。

（3）监控后台全部报文信息：协助自动化专业核对监控后台相关保护报文信息正确。

（4）保护信息子站：保护信息子站画面显示内容与实际相符，全部报文信息核对正确。

图 3－10　运维及检修人员在××变压器后台监控主机核对 220kV 母差保护软压板是否正确

（5）监控后台光字：监控后台相关光字核对正确。

（6）保护远方操作功能：监控系统具备保护远方操作功能的，协助自动化专业核对其功能。如图 3－10 所示为运维及检修人员在××变压器后台监控主机核对 220kV 母差保护软压板是否正确。

（7）试验数据：母线保护装置实验数据记录见表 3－10，其他数据记录见表 3－11。

表 3-10　母线保护装置实验数据记录

序号	检查内容	第一套保护	第二套保护	结论
1	一次通流大差	mA	mA	
2	一次通流小差	mA	mA	
3	母差保护动作跳母联整组时间	ms	ms	
4	母差保护动作跳各支路时间	ms	ms	
5	死区保护确认母联跳位时间（150ms）	ms	ms	

表 3-11　母线保护装置其他数据记录

序号	所属保护装置	线路间隔名称	TA 变比记录
1			
2			
3			

（8）使用仪表、试验人员和校核人员记录见表 3-12。

表 3-12　使用仪表、试验人员和校核人员记录

仪表名称	型　号	计量编号	准确度	有效日期
验收校核者		验收试验者		

第四节　母联（分段）保护

一、变电站母联（分段）保护具体配置

根据 GB/T 14285—2006《继电保护和安全自动装置技术规程》中规定，在母联或分段断路器上，宜配置相电流或零序电流保护，保护应具备可瞬时和延时跳闸的回路，作为母线充电保护，并兼作新线路投运时（母联或分段断路器与线路断路器串接）的辅助保护。

Q/GDW 1175—2013《变压器、高压并联电抗器和母线保护及辅助装置标准化设计规范》中规定，母联（分段）断路器应配置独立于母线保护的充电过电流保护装置。常规站按单套配置，智能站按双重化配置。母联（分段）充电过电流保护应具有两段过电流

和一段零序过电流功能。

通常母差保护中的母联充电过电流保护不投入。

二、母联及母分保护的日常运维及巡视

本模块包含母联及母分的巡视、运行维护项目和内容。通过要点介绍，能正确进行二次设备的正常巡视，并进行缺陷定性。

（一）二次设备的巡视检查项目

（1）检查继电保护及二次回路各元件应接线紧固，无过热、异味、冒烟现象，标识清晰准确，继电器外壳无破损，触点无抖动，内部无异常声响。

（2）检查交直流切换装置工作正常。

（3）检查继电保护及自动装置的运行状态、运行监视（包括液晶显示及各种信号灯指示）正确，无异常信号。

（4）检查继电保护及自动装置屏上各小开关、切换把手的位置正确。

（5）检查继电保护及自动装置的压板投退情况符合要求，压接牢固，长期不用的压板应取下。

（6）检查记录有关继电保护及自动装置计数器的动作情况。

（7）检查屏内 TV、TA 回路无异常现象。

（8）检查微机保护的打印机运行正常，不缺纸，无打印记录。

（9）检查微机保护装置的定值区位和时钟正常。

（10）检查电能表指示正常，与潮流一致。

（11）检查试验中央信号正常，无光字、告警信息。

（12）检查控制屏各仪表指示正常，无过负荷现象，母线电压三相平衡、正常，系统频率在规定的范围内。

（13）检查控制屏各位置信号正常。

（14）检查变压器远方测温指示和有载调压指示与现场一致。

（15）检查保护屏、控制屏下电缆孔洞封堵严密。

（二）继电保护及自动装置的运行维护

（1）应定期对微机保护装置进行采样值检查、可查询的开入量状态检查和时钟校对，检查周期般不超过一个月，并应做好记录。

（2）每年按规定打印一次全站各微机型保护装置定值，与存档的正式定值单核对，并在打印定值单上记录核对日期、核对人，保存该定值直到下次核对。

（3）应每月检查打印纸是否充足、字迹是否清晰，负责加装打印纸和更换打印机色带。

（4）加强对保护室空调、通风等装置的管理，保护室内相对湿度不超过 75%，环境温度应在 5～30℃。

（三）母联保护缺陷分类

发现缺陷后，运行人员应对缺陷进行初步分类，根据现场规程进行应急处理，并立即报告值班调度及上级管理部门。设备缺陷按严重程度和对安全运行造成的威胁大小，分为危急、严重、一般三类。

1. 危急缺陷

危急缺陷是指性质严重，情况危急，直接威胁安全运行的隐患，应当立即采取应急措施，并尽快予以消除。

一次设备失去主保护时，一般应停运相应设备；保护存在误动风险，一般应退出该保护；保护存在拒动风险时，应保证有其他可靠保护作为运行设备的保护。以下缺陷属于危急缺陷：

（1）电流互感器回路开路。

（2）二次回路或二次设备着火。

（3）保护、控制回路直流消失。

（4）保护装置故障或保护异常退出模块。

（5）保护装置电源灯灭或电源消失。

（6）收发信机运行灯灭、装置故障、裕度告警。

（7）控制回路断线。

（8）电压切换不正常。

（9）电流互感器回路断线告警、差流越限，线路保护电压互感器回路断线告警。

（10）保护开入异常变位，可能造成保护不正确动作。

（11）直流接地。

（12）其他威胁安全运行的情况。

2. 严重缺陷

严重缺陷是指设备缺陷情况严重，有恶化发展趋势，影响保护正确动作，对电网和设备安全构成威胁，可能造成事故的缺陷。严重缺陷可在保护专业人员到达现场进行处理时再申请退出相应保护。缺陷未处理期间，运行人员应加强监视，保护有误动风险时应及时处置。以下缺陷属于严重缺陷：

（1）保护通道异常，如 3dB 告警等。

（2）保护装置只发告警或异常信号，未闭锁保护。

（3）录波器装置故障、频繁启动或电源消失。

（4）保护装置液晶显示屏异常。

（5）操作箱指示灯不亮，但未发控制回路断线信号。

（6）保护装置动作后报告打印不完整或无事故报告。

（7）就地信号正常，后台或中央信号不正常。

（8）切换灯不亮，但未发电压互感器断线告警。

（9）母线保护隔离开关辅助触点开入异常，但不影响母线保护正确动作。

（10）无人值守变电站保护信息通信中断。

（11）频繁出现又能自动复归的缺陷。

（12）其他可能影响保护正确动作的情况。

3. 一般缺陷

一般缺陷是指上述危急、严重缺陷以外的，性质一般，情况较轻，保护能继续运行，对安全运行影响不大的缺陷。以下缺陷属于一般缺陷。

（1）打印机故障或打印格式不对。

（2）电磁继电器外壳变形、损坏，不影响内部。

（3）GPS 装置失灵或时间不对，保护装置时钟无法调整。

（4）保护屏上按钮接触不良。

（5）有人值守变电站保护信息通信中断。

（6）能自动复归的偶然缺陷。

（7）其他对安全运行影响不大的缺陷。

（四）母联保护及二次回路巡检信息采集

母联保护及二次回路巡检信息采集见表 3－13。

表 3－13　　母联保护及二次回路巡检信息采集

变电所名称		间隔名称		
巡检时间		天气情况		
巡检人员				
采集内容及记录				

序号	采集内容	采 集 数 据	结果	说明
1	装置面板及外观检查	运行指示灯正常		
		液晶显示屏正常		
		检查定值区号和整定单号与实际运行情况相符		
		打印功能正常		
2	屏内设备检查	各功能开关及方式开关符合实际运行情况		
		电源空气开关及电压空气开关符合要求		
		保护压板投入符合要求		
3	二次回路检查	端子排（箱）锈蚀		
		电缆支架锈蚀		
		交直流及强弱电电缆分离		
		接地、屏蔽、接地网符合要求		
4	红外测温	装置最高温度：　℃ 二次回路最高温度：　℃		
5	交流显示值检查	保护模拟量采样与监控采样的最大误差：　%		
6	开入量检查	开入量检查符合运行状况：		
7	反措检查	执行最新反措要求		

三、母联（母分）保护的倒闸操作

（一）母联保护运行管理规定

（1）母联（母分）保护状态有跳闸、信号和停用三种。跳闸状态一般指装置电源开启、功能压板和出口压板均投入；信号状态一般指出口压板退出，功能压板投入，装置电源仍开启；停用状态一般指出口压板和功能压板均退出（不包括检修状态压板），装置电源关闭。

（2）调度对母联（母分）保护的发令一般只到信号状态（装置电源故障除外），停用状态一般由现场掌握，但应注意及时恢复到调度发令的信号状态。

（3）母联（母分）保护正常应处于信号或停用状态，不宜作为设备的主要保护，也不应长期投入。

（4）母联（母分）保护中包括充电保护和过电流解列保护。

（5）利用母联（母分）开关向空母线充电时，应投入充电保护，送电正常后停用。充电保护调度一般不单独发令，操作步骤应包含在一次操作内容中。

（6）利用母联（母分）开关对线路或新设备充电时，应投入过电流解列保护，应在操作票中写明定值区的采用，主要是动作时限，注意负荷电流情况，并投入相应的功能压板及跳闸出口压板。

（7）若充电保护和过电流解列保护的功能压板为同一块，则利用定值区切换方式决定哪种保护功能投入。

（8）保护检修或校验后，倒闸操作前必须检查保护电源、压板恢复检修或校验前的状态。

（9）投入运行中设备的保护出口跳闸压板之前，必须用高内阻电压表测量压板两端对地无异极性电压后，方可投入其跳闸压板。

（10）保护出口信号指示灯亮时严禁投入压板，应查明保护动作原因。操作压板时，应防止压板触碰外壳或相邻出口跳闸压板，造成保护装置误动作。

（二）二次典型操作票（停复役）

1. 220kV 母联过电流解列保护由跳闸改为信号

操作内容：

（1）取下 220kV 母联开关第一组跳闸出口压板 8LP1，并检查。

（2）取下 220kV 母联开关第二组跳闸出口压板 8LP2，并检查。

（3）取下 220kV 母联过电流解列保护投入压板 8LP6，并检查。

（4）检查 220kV 母联充电保护投入压板 8LP4 确已取下。

2. 220kV 母联过电流解列保护由信号改为跳闸（采用定值____，时间____s，控制负荷电流小于____A）

操作内容：

（1）将 220kV 母联过电流解列保护定值切至 01（02）区，打印并核对定值正确。

（2）放上 220kV 母联过电流解列保护投入压板 8LP6，并检查。

（3）检查 220kV 母联充电保护投入压板 8LP4 确已取下。

（4）检查 220kV 母联过电流解列保护无动作及异常信号。

（5）测量 220kV 母联开关第一组跳闸出口压板 8LP1 两端电压为零，并放上。

（6）测量 220kV 母联开关第二组跳闸出口压板 8LP2 两端电压为零，并放上。

3. 220kV 母联第一套过电流解列保护由跳闸改为信号

操作内容：

（1）执行 220kV 母联第一套过电流解列保护由跳闸改为信号程序化任务。

（2）退出 220kV 母联第一套过电流解列保护跳闸出口 GOOSE 软压板 1TLP1，并检查。

（3）退出 220kV 母联第一套过电流解列保护投入软压板 1KLP1，并检查。

4. 220kV 母联第一套过电流解列保护由信号改为跳闸（采用定值 *X*，时间 *X*s，控制负荷电流小于××A）

操作内容：

（1）检查 220kV 母联第一套过电流解列保护确在信号状态。

（2）将 220kV 母联第一套过电流解列保护定值区切至 1 区（或 2 区）。

（3）在监控后台打印 220kV 母联第一套过电流解列保护 1 区（或 2 区）定值，并核对定值正确。

（4）执行 220kV 母联第一套过电流解列保护由信号改为跳闸程序化任务。

（5）投入 220kV 母联第一套过电流解列保护投入软压板 1KLP1，并检查。

（6）检查 220kV 母联第一套过电流解列保护装置无动作信号。

（7）检查 220kV 母联第一套过电流解列保护装置无异常信号。

（8）投入 220kV 母联第一套过电流解列保护跳闸出口 GOOSE 软压板 1TLP1，并检查。

四、母联（分段）保护的定期校验（以 RCS－923 为例）

（一）前期准备

（1）准备工作如下：

1）根据工作任务，分析设备现状，明确检验项目，编制检验工作安全措施及作业指导书，熟悉图纸资料及上一次的定检报告，确定重点检验项目。

2）检查并落实检验所需材料、工器具、劳动防护用品等是否齐全合格，检验所需设备材料齐全完备。

3）班长根据工作需要和人员精神状态确定工作负责人和工作班成员，组织学习《电业安全工作规程》、现场安全措施和本标准作业指导书，全体人员应明确工作目标及安全措施。

（2）检验工器具及材料：继电保护微机试验仪及测试线、万用表、绝缘电阻表、钳形相位表、互感器综合测试仪、多功能相位仪等；电源盘（带漏电保护器）、专用转接插板等；电源插件、绝缘胶布。

（3）图纸资料：与实际状况一致的图纸、最新定值通知单、装置资料及说明书、上次检验报告、作业指导书、检验规程。

（二）运行安措（状态交接卡）

（1）误走错间隔，误碰运行设备。检查在变压器保护屏前后应有“在此工作”标示牌，相邻运行屏悬挂红布幔。

（2）同屏运行设备和检修设备应相互隔离，用红布幔包住运行设备（包括端子排、压板、把手、空气开关等）。

（3）对安全距离不满足要求的未停电设备，应装设临时遮拦，严禁跨越围栏，越过围栏，易发生人员触电事故现场设专人监护。

（4）工作不慎引起交、直流回路故障。工作中应使用带绝缘手柄的工具。拆动二次线时应作绝缘处理并固定，防止直流接地或短路。

（5）电压反送、误向运行设备通电。电流试验前，应断开检修设备与运行设备相关联的电流、电压回路。

（6）检修中的临时改动，忘记恢复。二次回路、保护压板、保护定值的临时改动要做好记录，坚持“谁拆除谁恢复”的原则。

（7）接、拆低压电源时人身触电。接拆电源时至少有两人执行，应在电源开关拉开的情况下进行。所使用电源应装有漏电保护器。禁止从运行设备上接取试验电源。

（8）攀爬变压器时，高空作业易造成高空坠落等人身伤亡事故。正确使用安全带，并做好现场监护。

（9）保护传动配合不当，易造成人员伤害及设备事故。传动时应征求工作总负责人、值班负责人同意，并设专人现场监护。

（10）联跳回路未断开，误跳运行开关。核实被检验装置及其相邻的二次设备情况，与运行设备关联部分的详细情况，制定技术措施，防止误跳其他开关（误跳母联、旁路、分段开关，误启动失灵保护）。

（11）旁路 TA 回路开路（误开旁路转代用 TA 试验端子造成 TA 开路）。检查旁路 TA 回路时切勿开路并做明显标记。

（三）调试

1. 试验注意事项

（1）进入工作现场，必须正确穿戴和使用劳动保护用品。

（2）按工作票检查一次设备运行情况和措施、被试保护屏上的运行设备。

（3）工作时应加强监护，防止误入运行间隔。

（4）检查运行人员所作安全措施是否正确、足够。

（5）检查所有压板位置，并作好记录。

（6）检查所有把手及空气开关位置，并作好记录。

（7）电流回路外侧先短接，再将电流划片划开；电压回路将划片划开，并用绝缘胶布包好。

（8）控制回路、联跳和失灵（运行设备）回路应拆除外接线并用绝缘胶布封好，对应压板退出，并用绝缘胶布封好。

（9）拆除信号回路、故障录波回路公共端外接线并用绝缘胶布封好。

（10）保护装置外壳与试验仪器必须同点可靠接地，以防止试验过程中损坏保护装置的元件。

（11）使用三相对称和波形良好的工频试验电源。

（12）检查实际接线与图纸是否一致，如发现不一致，应以实际接线为准，并及时向专业技术人员汇报。

2. 开入/开出量检验

进入保护装置主菜单后，依次进行开关量的输入和断开，同时监视液晶屏幕上显示的开关量变位情况。

（1）零漂的检查。进行三相电流和零序电流（I_a、I_b、I_c、$3I_0$）的零漂检验。合格判据：电流零漂值应不大于 $0.01I_N$。（测试说明：该项目测试应在装置热稳定后进行。）

（2）幅值特性及线性度特性校验。在三相电流回路中分别加入对称的电流值 $0.1I_N$、$0.2I_N$、I_N、$3I_N$、$5I_N$。合格判据：要求保护装置的电流采样线性度良好，采样显示值与表计测量值的误差应小于 5%。

采样线性度测试：在三相电流回路中分别加入对称的电流值 $0.1I_N$、$0.2I_N$、I_N、$3I_N$、$5I_N$。要求保护装置的电流采样线性度良好，采样显示值与表计测量值的误差应小于 5%。

（3）相位特性校验：加入对称的 0.1 倍额定电流值进行。相位误差应不大于 3°。

3. 保护功能校验

（1）充电过电流保护。将充电过电流Ⅰ（或Ⅱ）段延时整定时间零时整定为最小，投入充电过电流Ⅰ（或Ⅱ）段投入控制字、充电过电流保护软压板，投入“充电过电流保护”硬压板。缓慢调节输入电流，监视跳闸触点。在整定值附近分别测量充电过电流Ⅰ、Ⅱ段动作值、返回值。将充电过电流Ⅰ（或Ⅱ）段延时整定时间调整回整定值。

实测动作值与整定值误差应小于 5%，返回系数为 0.95。

（2）充电零序过电流保护。将充电过电流Ⅱ段延时整定时间整定为最小（因为充电过电流Ⅱ段延时也是充电零序过电流保护的延时），投充电零序过电流投入控制字、充电过电流过电流保护软压板，投入“充电过电流保护”硬压板。缓慢调节输入电流，监视跳闸接点。在整定值附近分别测量充电零序过电流动作值、返回值。将充电过电流Ⅱ段延时整定时间调整回整定值。

实测动作值与整定值误差应小于 5%，返回系数为 0.95。

4. 整组试验

（1）充电过电流保护。投入充电过电流Ⅰ（或Ⅱ）段投入控制字、充电过电流保护软压板，投入“充电过电流保护”硬压板。

通入三相电流，分别校验充电过电流Ⅰ、Ⅱ段保护。在1.05倍充电过电流Ⅰ段（或充电过电流Ⅱ段）定值时应可靠动作；在0.95倍充电过电流Ⅰ段（或充电过电流Ⅱ段）定值时应可靠不动；在1.2倍定值时，测量保护的动作时间。

（2）充电零序过电流保护。投充电零序过电流投入控制字、充电过电流保护软压板，投入“充电过电流保护”硬压板。

分别通入A、B、C相电流，在1.05倍充电零序过电流定值时应可靠动作；在0.95倍充电零序过电流定值时应可靠不动；在1.2倍定值时，测量保护的动作时间。

5. 传动断路器试验（80%直流额定电源下）

进行断路器传动试验之前。控制室和开关站均应有专人监视，观察保护装置动作情况、开关动作情况，监视中央信号、故障录波是否正确。试验过程中应仔细核对每一块出口压板是否正确。

模拟充电过电流Ⅰ段故障，开关跳闸。

模拟充电过电流Ⅱ段故障，开关跳闸。

模拟充电零序过电流故障，开关跳闸。

6. 带负荷试验

在带负荷试验时，易采用液晶面板读数与外接电流和相位表进行带负荷试验数据比较法。进入“保护状态”菜单后，再进入“1：DSP采样值”子菜单，按“确认”分别记录三相电流和和零序电流值（即 I_a、I_b、I_c、$3I_0$）。按“取消”键，返回“保护状态”菜单。分别选择“2：CPU采样值”子菜单和“3：相角显示”，分别记录采样数据。以实际负荷为基准，校验电流互感器变比是否正确。

7. 投运前定值与开关量状态的核实

按保护屏上的打印按钮，保护装置打印出一份定值，开关量状态及自检报告，其中定值报告应与整定通知单一致；开关量与实际运行状态一致；自检报告应无装置异常信息。

五、母联及母分保护的异常及处理

（一）母联及母分保护的概念

母联及母分保护主要涉及母联失灵保护、母联死区保护、母联及母分充电保护、母联及母分过电流保护。

母联失灵保护：母线并列运行，当保护向母联开关发出跳令后，经整定延时若大差电流元件不返回，母联仍然有电流，则母联失灵保护应经母线差动复合电压闭锁后切除相关母线各元件。只有母联开关作为联络开关时，才启动母联失灵保护，因此母差保护和母联充电保护起动母联失灵保护。

母联死区保护：母线并列运行，当故障发生在母联开关与母联TA之间时，断路器侧母线段跳闸出口无法切除该故障，而TA侧母线段的小差元件不会动作，这种情况称

为死区故障。此时，母差保护已动作于一段母线，大差电流元件不返回，母联开关已跳开而母联 TA 仍有电流，死区保护应经母线差动复合电压闭锁后切除相关母线。

母联及母分充电保护：分段母线其中一段母线停电检修后，可以通过母联开关对检修母线充电以恢复双母运行。此时投入母联及母分充电保护，当检修母线有故障时，跳开母联开关，切除故障。充电保护一旦投入，自动展宽 200ms 后退出。充电保护投入后，当母联及母分任一相电流大于充电电流定值，经可整定延时跳开母联及母分开关，不经复合电压闭锁。充电保护投入期间是否闭锁差动保护可设置保护控制字相关项进行选择。

母联及母分过电流保护：母联及母分过电流保护可以作为母线解列保护，也可以作为线路的临时应急保护。母联及母分过电流保护压板投入后，当母联及母分任一相电流大于母联及母分过电流定值，或母联及母分零序电流大于母联及母分零序过电流定值时，经可整延时跳开母联开关，不经复合电压闭锁。

（二）母联及母分保护常见异常情况及处理

运行中的母联及母分保护“运行指示灯熄灭”。

（1）运行中的母联及母分保护“运行指示灯熄灭”，则表示该保护功能已经失去，在发生变压器故障时，该保护装置无法正确动作。

（2）当运行中的母联及母分保护“运行指示灯熄灭”时，运检人员应迅速赶赴现场检查确认，结合监控告警信息、母联及母分指示灯、母联及母分装置面板的现象，若确认母联及母分装置运行指示灯已熄灭，并且保护装置面板无显示时，应立即汇报相关调度，并报告上级管理部门，并立即开展现场检查和处理。

（3）运行中的母联及母分出现“运行指示灯熄灭”的原因一般有：

1）母联及母分装置直流电源空气开关跳开，或直流电源回路出现断线及直流端子松动导致直流电源消失。

2）母联及母分装置电源模块故障或损坏。

（4）当运行中的母联及母分出现“运行指示灯熄灭”，运检人员现场检查发现原因是由于母联及母分装置直流电源空气开关跳开，或直流电源回路出现断线及直流端子松动导致直流电源消失引起的，用如下方法处理：

1）运检人员现场检查未发现有其他异常情况时，可先将跳开的直流空气开关试合一次，若试合成功，运检人员应对母联及母分装置启动后进行检查，确认保护装置已经恢复正常运行，无任何异常告警信息。

2）若运检人员试合跳开的直流空气开关失败，此时运检人员严禁再将该直流空气开关合上，必须查明原因，对该直流电源回路进行全面检查，查找是否有短路或接地的现象，通过回路电阻测量、绝缘检测等方法，确定并消除故障后，方能再次试合该直流电源空气开关。

3）若母联及母分直流电源空气开关并未跳开，但现场检查进入该装置直流电源无电压，运检人员应对该直流电源回路进行分段测量电压，查找直流电源无压原因，判断是否因直流电源回路出现断线及直流端子松动导致直流电源消失，若为断线引起，可查找该回路是否有可利用的电缆备用芯进行更换，或者将该断线部位通过在端子排加短接线跨接，若是由于端子松动引起，则将松动端子进行紧固。

4）上述异常情况处理完毕后，保护装置若带电运行正常，运检人员仍然需要继续监视一段时间并确认无其他异常。

（5）当运行中的母联及母分出现“运行指示灯熄灭”，运检人员现场检查发现母联及母分装置有异常气味时，现场检查判断可能因母联及母分装置电源模块故障或损坏引起，应暂时不将母联及母分直流空气开关试合，先对母联及母分装置电源模块插件及保护插件进行详细检查，若确认为电源模块故障或损坏引起，则应选用相同型号、规格的电源模块进行更换，更换完成确认无其他异常后，再将母联及母分直流空气开关进行试合，试合正常后运检人员仍然需要继续监视一段时间并确认无其他异常。

六、母联及母分保护的验收

（一）安装工艺验收

（1）屏柜外观检查：装置型号正确，装置外观良好，面板指示灯显示正常，切换断路器及复归按钮开入正常。保护屏间隔前后都应有标志，屏内标识齐全、正确，与图纸和现场运行规范相符。屏柜附件安装正确（门开合正常、照明等设备安装正常，标注清晰）。

（2）二次电缆检查：电缆型号和规格必须满足设计和反措的要求。电缆及通信联网线标牌齐全正确、字迹清晰，不易褪色，须有电缆编号、芯数、截面及起点和终点命名。所有电缆应采用屏蔽电缆，断路器场至保护室的电缆应采用铠装屏蔽电缆。电缆屏蔽层接地按反措要求可靠连接在接地铜排上，接地线截面不小于4mm²。端子箱与保护屏内电缆孔及其他孔洞应可靠封堵，满足防雨防潮要求。

（3）二次接线检查：回路编号齐全正确、字迹清晰，不易褪色。正负电源间至少隔一个空端子，在跳闸端子的上下方不应设置正电源端子，每个端子最多只能并接二芯，严禁不同截面的二芯直接并接。端子排及装置背板二次接线应牢固可靠，无松动，备用间隔电流回路的大电流试验端子，保护装置侧应开路。

（4）抗干扰接地检查：电流回路接地点应在保护小室的大电流试验屏上，电流回路接线正确，接地可靠，辅助流变屏蔽接地可靠。保护屏内必须有不小于 100mm² 接地铜排，所有要求接地的接地点应与接地铜排可靠连接，并用截面积不小于 50mm² 多股铜线和二次等电位接地网直接连通。

（5）连接片和切换片：连接片应开口向上，相邻间距足够，保证在操作时不会触碰到相邻连接片或继电器外壳，穿过保护柜（屏）的连接片导杆必须有绝缘套，屏后必须用弹簧垫圈紧固，跳闸线圈侧应接在出口压板上端。

（二）交直流电源验收

（1）直流电源独立性检查：保护装置和断路器控制回路的直流电源，应分别由专用

的直流空气断路器（熔断器）供电。

（2）空气开关配置原则检查：保护装置交流电压空气开关要求采用 B02 型，保护装置电源空气开关要求采用 B 型并按相应要求配置。

（3）失电告警检查：当任一直流空气开关断开造成保护、控制直流电源失电时，都必须有直流断电或装置异常告警，并有一路自保持接点，两路不自保持接点。

（4）开入电源检查：保护装置的 24V 开入电源不应引出保护室。

（三）保护装置验收

（1）铭牌及软件版本检查：装置铭牌与设计一致，装置软件版本与整定单一致。

（2）双重化配置检查：双重化配置的母联保护宜取自不同的 TA、TV 二次绕组，保护及其控制电源应满足双重化配置要求，每套保护从保护电源到保护装置到出口必须采用同一组直流电源；两套保护装置及回路之间应完全独立，不应该有直接电气联系。

（3）辅助流变检查：各间隔单元参数配置应与实际一次设备相对应，辅助流变变比和设计、整定单一致。

（4）时钟同步装置：装置已接入同步时钟信号，并对时正确。

（5）开入量检查：模拟实际动作接点检查保护装置各开入量的正确性，部分不能实际模拟动作情况的开入接点可用短接动作接点方式进行。双母接线闸刀重动（开入）回路应与闸刀实际状态对应（有条件时应实际操作闸刀进行试验，否则应在闸刀辅助接点处用短接或断开闸刀辅助触点的方法进行试验）。

（6）母联（分段）充电保护装置校验：母联（分段）充电解列保护单独组屏，按断路器配置一套完整、独立的充电解列保护装置和一个操作箱。检查母联（分段）充电过电流、相过电流逻辑正确。检查母联（分段）充电保护由操作箱的 SHJ 或 TWJ 接点投入。

（7）备自投闭锁逻辑及回路检查：对于 35kV 母分备自投逻辑应检查变压器低压侧后备保护动作应闭锁母分备自投，手动分闸闭锁母分备自投。

（四）跳合闸回路验收

（1）跳合闸动作电流校核：在额定直流电压下进行试验，校核1号/2号母联（正/副母分段）断路器跳合闸回路的动作电流满足要求。

（2）直流电源一致性检查：分别拉开1号/2号母联（正/副母分段）断路器的各组控制电源，第一/二套母差保护跳闸出口与第一/二直流电源对应正确。

（3）对断路器的要求：断路器防跳功能应由断路器本体机构实现，断路器分合闸压力异常闭锁功能应由断路器本体机构实现。

（4）母联、分段保护出口回路检查：母联（分段）保护动作断路器跳闸正确。

（5）备自投分合闸：分别在额定直流电压、80%额定直流电压下进行试验，动作正确，信号指示正常。

（五）保护信息验收

（1）保护装置与后台及子站：保护装置与后台及子站整个物理链路及供给电源的标识应齐全、正确，与示意图相符，容易辨识。

（2）监控后台通信状态监视：监控后台相关保护通信状态正常。

（3）监控后台全部报文信息：协助自动化专业核对监控后台相关保护报文信息正确。

（4）保护信息子站：保护信息子站画面显示内容与实际相符，全部报文信息核对正确。

（5）监控后台光字：监控后台相关光字核对正确。

（6）保护远方操作功能：监控系统具备保护远方操作功能的，协助自动化专业核对其功能。

第四章

智能变电站继电保护运维检修

第一节　智能变电站和常规变电站继电保护的差异性

一、智能变电站的特点

（一）智能变电站的概念

智能变电站是采用先进、可靠、集成、低碳、环保的智能设备，以全站信息数字化、通信平台网络化、信息共享标准化为基本要求，自动完成信息采集、测量、控制、保护、计量和监测等基本功能，并可根据需要支持电网实时自动控制、智能调节、在线分析决策、协同互动等高级功能的变电站。

智能变电站包含过程层、间隔层和站控层。过程层包括变压器、断路器、隔离开关、电流/电压互感器等一次设备及其所属的智能组件以及独立的智能电子装置。间隔层设备一般指继电保护装置、测控装置、监测功能组主 IED 等二次设备。站控层包括自动化站级监视控制系统、通信系统和对时系统等。

（二）智能变电站与常规变电站的区别

1. 通信标准不同

IEC 61850 是新一代的变电站自动化系统的国际标准。该标准通过对变电站自动化系统中的对象统一建模，采用面向对象技术和独立于网络结构的抽象通信服务接口，增强了设备之间的互操作性，大大提高变电站自动化技术水平和变电站自动化安全稳定运行水平，节约开发、验收、维护的人力和物力，实现完全的互操作。

2. 一次设备的不同（一次设备智能化）

智能一次设备替代了传统一次设备，如采用了合并单元、智能终端等。

（1）合并单元主要承担电流、电压量的采集功能，并组合成同一时间断面的电流电压数据，按照统一的数据格式输出给过程层总线（二次设备）。

（2）智能终端主要承担保护开合闸命令的执行及开关状态量的采集功能。

3. 信息传输介质的不同（二次设备网络化）

光纤替代电缆，信息共享最大化。IEC 61850 标准所定义的变电站内信息传送主要有三类信息：

（1）过程层采样值 SV 报文。

（2）间隔之间基于的联闭锁、跳闸等 GOOSE 报文。

（3）站控层与 IED 之间基于 Client server 式的配置等 MMS 报文。

4. 端子连接方式不同

虚端子代替物理端子，逻辑连接代替物理连接。包括如下几个方面的内容：

（1）强调集成和整体的概念：重视设计、安装、调试、运维模式转变。

（2）检修：状态检修替代计划检修（一次设备和二次设备在线监测）。

（3）电气防误：基于拓扑的智能防误替代基于逻辑的传统防误。

（4）设备操作：顺序控制替代单步操作。

（5）站域控制：基于全站信息共享的实时自动功能。

（6）功能集成整合：一体化后台、测控保护一体、一体化电源等。

（三）智能变电站的优势

（1）简化二次接线，以少量光纤代替大量电缆。

（2）提升测量精度，数字信号传输和处理无附加误差。

（3）提高信息传输的可靠性，CRC 校验、通信自检、光纤通信无电磁兼容问题。

（4）可采用电子式互感器，无 TA 饱和、TA 开路、铁磁谐振等问题，绝缘结构简单、干式绝缘、免维护。

（5）二次设备间无电联系，无传输过电压和两点接地等问题，一次设备电磁干扰不会传输到集控室。

（6）各种功能共享统一的信息平台，监控、远动、保护信息子站、电压无功控制 VQC 和五防等一体化。

（7）减小变电站集控室面积，二次设备小型化、标准化、集成化，二次设备可灵活布置。

二、智能变电站继电保护的特点

（一）虚端子和虚二次回路

传统二次设计的过程是装置研发人员设计和定义装置的端子，工程设计人员根据用户或设计院的要求将相关的端子引到屏柜的端子排，并根据需要在端子排和装置之间加入压板设计院设计各屏柜的端子排之间的二次电缆连线，施工单位根据设计院的设计图纸进行屏柜间接线，调试单位根据图纸对相关接线和应用功能进行测试和检查。因此，二次设备厂家可以根据传统设计规范设计并提供出其装置的 GOOSE/SV 输入输出端子定义，通过在 CD 文件中预定义 GOE 数据集和控制块预定义 INPUTS 实现，设计院根据该

定义设计GOOSE连线，以表格的方式提供：集成商通过GOOSE组态工具和设计院的设计文件，组态形成SCD文件；二次设备厂家使用装置配置工具和全站统一的SCD文件，提取GOOSE收发的配置信息并下发到装置；调试人员进行装置之间信号关联性的测试。比较上述过程可见，相比于传统变电站围绕着纸质图纸，智能变电站围绕着SCD文件。

（二）合并单元

信号采集是由合并单元完成的，合并单元经过小TV、小TA变换后的模拟量直接将数据组帧发送给保护、测控等装置。

合并单元输出的电压、电流信号必须严格同步，否则将直接影响保护动作的正确性，在失去同步时要退出相应的保护。信号采样同步包括：同一间隔内的各电压电流量的同步；关联多间隔之间的同步；关联变电站间的同步；广域同步等。

针对不同母线接线方式，母线电压应配置单独的母线电压合并单元。母线电压合并单元可接收至少2组电压互感器数据，并支持向其他合并单元提供母线电压数据，根据需要提供电压并列功能。各间隔合并单元所需母线电压量通过母线电压合并单元转发。

（1）3/2接线：每段母线配置合并单元，母线电压由母线电压合并单元点对点通过线路电压合并单元转接。

（2）双母线接线：两段母线按双重化配置两台合并单元。每台合并单元应具备GOOSE接口，以及接收智能终端传递的母线电压互感器隔离开关位置、母联隔离开关位置和断路器位置，用于电压并列。

（3）双母单分段接线：按双重化配置两台母线电压合并单元，不考虑横向并列。

（4）双母双分段接线：按双重化配置四台母线电压合并单元，不考虑横向并列。

（5）用于检同期的母线电压由母线合并单元点对点通过间隔合并单元转接给各间隔保护装置。

（三）智能终端

智能终端的典型结构主要由以下几个模块组成：电源模块、CPU模块、智能开入模块、智能开出模块、智能操作回路模块等，部分装置还包含模拟量采集模块。CPU模块一方面负责GOOSE通信；另一方面完成动作逻辑，开放出口继电器的正电源；智能开入模块负责采集断路器、隔离开关等一次设备的开关量信息，再通过CPU模块传送给保护和测控装置；智能开出模块负责驱动隔离开关、接地开关分合控制的出口继电器：智能操作回路模块负责驱动断路器开合闸出口继电器。

智能终端具有开关量输入和模拟量采集功能、开关量输出输出功能、断路器控制功能、断路器操作箱功能、信息转换和通信功能、GOOSE命令记录功能、闭锁告警功能、对时功能等。

220kV及以上电压等级智能终端按断路器双重化配置，每套智能终端包含完整的断路器信息交互功能；220kV及以上电压等级变压器各侧的智能终端均按双重化配置；双套配置的保护对应的智能终端应双套配置；本体智能终端宜集成非电量保护功能，单套配置。

110kV 变压器各侧智能终端宜按双套配置，宜采用合并单元、智能终端一体化装置；本体智能终端宜集成非电量保护功能，单套配置。

（四）数据通信

（1）智能变电站继电保护与站控层信息交互采用 DL/T 860—2006（IEC 61850）标准，通过 MMS 报文传输。

（2）采样值传输可采用 EC 60044－8、EC 61850－9－2 标准，采用光纤直连方式，通过 SV 报文以点对点方式传输。

（3）单间隔的保护应采用光纤直跳，通过 GOOSE 报文点对点通信传输，涉及多间隔的保护（母线保护）宜直接跳闸。

（4）间隔保护之间的联闭锁、失灵启动等信息宜通过过程层网络传输，通过 GOOSE 网络传输。

（5）间隔层、过程层设备对时，可采用 IRG－B（DC）码，通过直连光纤传输，也可采用 IEEE 1588 标准进行网络对时，通过过程层网络传输。

三、智能变电站和常规变电站继电保护设置的区别

（一）保护就地化

智能变电站方案推进过程中保护就地靠近一次设备安装是必然的发展趋势，这种模式保护与一次设备之间的连接电缆缩短，并且可能在工厂完成二次设备联结的调试。同时体现信息采集的“唯一化”特征，故障录波、测控、PMU 等应用所需的信息可通过网络化方设备连接长度非常有限的电缆及完成信息共享应用的光缆，比常规变电站自动化系统的二次电缆极大减少。与此同时，可取消保护小室，大幅度减少控制屏的数量。

（二）全站测控网络化

网络化测控将有可能成为智能变电站测控装置典型应用模式之一，这样，间隔之间的联闭锁能更为有效地实现，同时，大大减少了变电站所需配置的测控装置数量。以光缆替代了大量的三次电缆联结，有利于实现二次系统虚端子、虚回路的监视。测控采用网络化方案可以实现双重化热备用冗余配置，提高测控系统的运行可靠性，便于变电站间隔扩建。

（三）数据分析全景化

站控层可以获得“全站、唯一、同步、标准”信息，因此，具备全景信息数据分析能力，可以有效解决常规变电站自动化系统的“信息孤岛”现象。站控层获得全景数据后，可以建立全景数据中心，实现电网运行全过程的准确、完整记录，使所有系统事故可追溯，并为故障分析、保护仿真、安全预警等高级应用提供数据服务。

实现全景数据分析具有以下基本特点：

（1）核心基础："时间同步，统一建模"使变电站信息在时间上获得同步，在空间上具有明确语义。事故分析从"面向装置"转向"面向全站"。

（2）装置层："全景记录，海量存储"实现信息的无损、海量记录，使电网所有事故可追溯。

（3）业务层："综合分析，有序处理"利用一体化信息平台，综合利用监控数据、故障数据和状态数据进行分析；按照"装置→间隔→变电站→区域"的顺序逐层进行处理，根据可定义的时间级别进行分别处理。

（4）展示层："按需调阅，可视展示"以标准化、可视化方式展示变电站全景信息；信息检索手段从"面向装置"转向"面向应用""面向需要"。

（四）继电保护及相关设备配置原则

（1）智能变电站继电保护与站控层信息交互采用DL/T 860—2006（IEC 61850）标准，跳合闸命令和联闭锁信息可通过直接电缆连接或GOOSE机制传输，电压电流量可通过传统互感器或电子式互感器采集。

（2）继电保护新技术应满足"可靠性、选择性、灵敏性、速动性"的要求，并提高保护的性能和智能化水平。不能为了智能化而智能化，继电保护的智能化不能牺牲保护的"四性"，应以提高保护的可靠性为基本出发点，不能降低保护的可靠性。

（3）220kV及以上电压等级继电保护系统应遵循双重化配置原则，每套保护系统装置功能独立完备、安全可靠。双重化配置的两个过程层网络应遵循完全独立的原则。

1）每套完整、独立的保护装置应能处理可能发生的所有类型的故障。两套保护之间不应有任何电气联系，当一套保护异常或退出时不应影响另一套保护的运行。

2）两套保护的电压（电流）采样值应分别取自相互独立的MU。

3）双重化配置的MU应与电子式互感器两套独立的二次采样系统一一对应。

4）双重化配置保护使用的GOOSE网络或SV网络应遵循相互独立的原则，当一个网络异常或退出时不应影响另一个网络的运行。

5）两套保护的跳闸回路应与两个智能终端分别一一对应；两个智能终端应与断路器的两个跳闸线圈分别一一对应。

6）双重化的线路纵联保护应配置两套独立的通信设备（含复用光纤通道、独立纤芯、微波、载波等通道及加T设备等），两套通信设备应分别使用独立的电源。

7）双重化的两套保护及其相关设备（电子式互感器、MU、智能终端、网络设备、跳闸线圈等）的直流电源应一一对应。

8）双重化配置的保护应使用主、后一体化的保护装置。

（4）智能变电站中的电子式互感器的二次转换器（A/D采样回路）、合并单元（MU）、光纤连接、智能终端、过程层网络交换机等设备内任一个元件损坏，除出口继电器外，不应引起保护误跳闸。

（5）保护装置应不依赖于外部对时系统实现其保护功能。保护采用点对点直接采样，采样同步不依赖于外部时钟；保护装置接入外部对时信号，但对时信息不参与逻辑运算。

（6）保护应直接采样，对于单间隔的保护应直接跳闸，涉及多间隔的保护（母线保护）宜直接跳闸。对于涉及多间隔的保护（母线保护），如确有必要采用其他跳闸方式，相关设备应满足保护对可靠性和快速性的要求。

（7）继电保护设备与本间隔智能终端之间通信应采用 GOOSE 点对点通信方式；继电保护之间的联闭锁信息、失灵启动等信息宜采用 GOOSE 网络传输方式。

（8）110kV 及以上电压等级的过程层 SV 网络、过程层 GOOSE 网络、站控层 MMS 网络应完全独立，继电保护装置接入不同网络时，应采用相互独立的数据接口控制器。

（9）保护装置宜独立分散、就地安装，保护装置安装运行环境应满足相关标准技术要求。110kV 及以下电压等级宜采用保护测控一体化设备。

四、智能变电站继电保护运维管理的区别

随着智能变电站的发展，继电保护的运行维护作为管理的一个重要方面，也被提出了更高的要求，且智能变电站继电保护的运维管理与常规变电所又有所不同，更需要运维人员进行深入的了解。

（一）继电保护装置的巡视管理区别

对于智能变电站，目前传统变电站的巡视方法和注意事项仍然可用。但应加强智能装置的专业巡视，除了传统巡视项目外还要对继电保护装置的网络运行情况、就地保护装置的运行环境进行巡视。检查智能控制柜、端子箱、汇控柜的温度、湿度、防水、防潮、防尘等性能是否满足关标准要求，确保智能控制柜、端子箱、汇控柜内的智能终端、合并单元、继电保护装置等智能电子备的安全可靠运行。运维人员巡视继电保护装置如图 4－1 所示。还要定期开展智能装置和站内通信网络的专项检测工作，对已有缺陷进行归类和分析，实时掌握保护装置的运行情况。

(a)

(b)

图 4－1 运维人员巡视继电保护装置

（a）运维人员在××变设备区××线就地智能控制柜检查合并单元运行情况；

（b）运维人员在××变设备区××线就地智能控制柜检查智能终端运行情况

现场巡视主要包括继电保护运行环境、外观、压板及把手状态、时钟、装置显示信息、定值区定值、装置通信状况、打印机工况等。不同于常规变电站，智能站继电保护装置压板基本都是监控后台软压板，运维人员在对继电保护装置进行巡视时除了要核对保护装置面板上无告警信号外，还应该在监控后台主机上核对相应的软压板位置是否正确。由于智能变电站的对时要求远高于传统变电站和数字化变电站，在对智能变电站保护装置进行巡视时要特别关注保护装置的对时情况。

（二）继电保护资料管理区别

常规变电站继电保护相关资料主要有厂家说明书、保护装置原理图、竣工图、相关运行规程等。而智能变电站保护相关资料除了以上几种外，还应有全站SCD配置文件及全站虚端子配置CRC校验码；继电保护专业管理范围内各智能电子设备的参数及ICD、CID等配置文件；继电保护专业管理范围内各智能电子设备的程序版本信息；全站过程层网络（含交换机）配置图、参数表、配置文件继电保护专业管理范围内各智能电子设备的定值文件；继电保护专业管理范围内各智能电子设备的调试分析软件；继电保护专业管理范围内各智能电子设备的配置工具软件；SCD文件配置工具软件。其中任意文件变更应遵循“源端修改，过程受控”的原则，严格执行修改、校核、审批、执行流程。文件变更后，应先采取必要的备份措施和安全隔离措施后进行离线修改，并确认无误后，才能下装到现场设备。

对于智能变电站现场运行规程，除了常规变电站的相关内容外，还应增加继电保护装置软、硬压板的操作规定及操作方法，继电保护装置在不同运行方式下的停投规定；合并单元、智能终端故障时相应的处理方法及操作步骤。

（三）继电保护装置操作管理的区别

对于智能变电站，调度仅对继电保护及自动装置发令，对于常规变电站不存在的合并单元、智能终端、交换机等检修或故障时，由现场分析二次设备受影响的范围，申请停役相关保护，调度不单独发布指令，由运维人员自行操作。继电保护改跳闸前现场运维人员应确认相应智能终端、合并单元装置处跳闸状态。继电保护改停用时，除退出相应的功能及出口压板外，还应放上保护“置检修”硬压板，断开装置电源，保护改跳闸时，操作前应注意检查对应的智能终端、合并单元的检修硬压板是否已取下，智能终端的跳、合闸硬压板是否放上，装置是否运行正常。

第二节　智能变电站继电保护的运维和巡视

一、日常运行维护

运维单位负责智能变电站继电保护系统的日常维护工作，按照确定的维护界面，确保继电保护系统的安全可靠运行。编制智能变电站继电保护系统维护手册，包括继电保护系统运行信息收集、继电保护系统状态评价、检修检验、系统消缺、设备更换等的详细技术要求和安全措施，正确指导继电保护系统的各类作业。

建立继电保护系统日常运行维护档案，记录系统中各设备及回路服役的全过程，包括继电保护装置及回路的有关图纸、资料、参数、ICD 和 CID 等电子文件、缺陷处理记录、检验记录、继电保护动作记录、反措记录、改造记录等，并及时更新。运行维护档案应支持远方查询、统计，开放给本单位及上级继电保护专业管理部门查阅。

更换装置插件、进行软件升级、执行反措、变动回路等工作时，应进行针对性补充检验，以保证各智能电子设备及系统运行的可靠性。工作中，应注意需投入、退出相关设备的检修压板；应注意设备参数设置、装置 CD 文件下装等完成并调试正确后才能接入运行网络；应注意合并单元升级更换、SV 接线变动、SV 虚端子配置变化等涉及交流采样变动的，应进行向量检查。

继电保护装置定值整定一般通过装置人机界面进行。当技术条件成熟和管理实行在线、远方改值及切换定值区的，应采取必要的加密和防误措施，从技术手段和管理流程上确保定值的安全性，确保远方系统和就地装置定值及定值区号的一致性。

二、日常管理

（一）文件管理

（1）运维单位应制定智能变电站继电保护系统文件管理制度，对配置文件及其版本实行统一管理，保证配置文件内容与其版本一一对应，并记录配置文件的修改原因。宜建立文件管理系统，统一管理智能变文件管理电站继电保护系统的各类文件。

（2）文件管理主要包括以下文件：

1）全站 SCD 配置文件及全站虚端子配置 CRC 校验码。

2）继电保护专业管理范围内各智能电子设备的参数及 ICD、CID 等配置文件。

3）继电保护专业管理范围内各智能电子设备的程序版本信息。

4）全站过程层网络（含交换机）配置图、参数表、配置文件继电保护专业管理范围内各智能电子设备的定值文件。

5）继电保护专业管理范围内各智能电子设备的调试分析软件。

6）继电保护专业管理范围内各智能电子设备的配置工具软件。

7）SCD 文件配置工具软件。

（3）运维单位应按调度关系和专业技术管理范围，将有关电子文件报技术支撑单位（电科院等）备案。

（4）文件变更应遵循"源端修改，过程受控"的原则，明确修改、校核、审批、执行流程。

（5）文件变更时，应先采取必要的备份措施和安全隔离措施后进行离线修改，再离线验证正确无误后，方可下载到各相关设备。下装配置文件、装置软件、装置定值等操作应采取必要的安全措施。

（6）SCD 配置文件需要变更时，由引起变动的专业负责，将变更事项事先告知有影响的专业，相关专业许可后才能更改。更改 SCD 文件应通过专用的 SCD 文件配置工具软件进行，并应验证 SCD 文件的正确性，再通过 SCD 文件生成 CD 文件，验证涉及的设备 CID 文件的正确性。

（二）仪表仪器

（1）按照 DL/T 995—2016 的要求，维护单位应该配置充足的继电保护试验仪及其他仪表仪器。

（2）定期检查检测继电保护试验仪表仪器，确保其各项功能、性能指标满足继电保护试验的要求，防止因试验仪器、仪表存在问题而造成继电保护误整定、误试验。

（三）备品备件

（1）运维单位应制定详细的备品备件管理制度，适量储备备品备件。

（2）备用插件的管理应视同运行设备，要进行经常性的检查保养工作，保证备件完好且随时可用。有集成电路芯片的备用插件，应有防静电措施。

（3）在执行继电保护装置反措时，涉及同型号备品备件的应按要求同步执行反措。

（四）出厂验收

（1）运维单位应参加继电保护系统、装置的出厂验收。

（2）验收继电保护系统、装置符合 Q/GDW 396、Q/GDW 441、Q/GDW 1808 等标准及合同、设计的要求。

（3）出厂验收结束时封存配置文件（CID 文件、SCD 文件、GOOSE 配置文件、交换机配置文件、装置插件配置文件等）等技术资料。

（五）新安装检验

（1）继电保护系统新投或新增、改造智能电子设备时，应按照 DL/T 995—2016、Q/GDW 431、Q/GDW 1809 的要求进行新安装检验。

（2）新安装检验初始，应对继电保护系统各设备的配置文件与出厂验收封存的配置文件进行比对。文件不一致时，应查清变动原因。确需变动的，应对本设备及相关设备、回路的功能、性能等进行确认检验。

三、现场巡视

运维人员应定期对继电保护系统的设备及回路进行巡视，并做好记录。正常巡视以远程巡视和理场巡视相结合，不具备完善的远程巡视手段时，现场巡视应增加远程巡视内容。设备有异常或其他必要情况时，应加强远程巡视或进行特殊巡视。

远程巡视主要包括继电保护运行环境（温度、湿度等）、保护设备告警信息、保护设备通信状态软压板控制模式、压板状态、定值区号等。

现场巡视主要包括继电保护运行环境、外观、压板及把手状态、时钟、装置显示信息、定值区定值、装置通信状况、打印机工况等。

现场巡视时，检查智能控制柜、端子箱、汇控柜的温度、湿度、防水、防潮、防尘等性能满足关标准要求，确保智能控制柜、端子箱、汇控柜内的智能终端、合并单元、继电保护装置等智能电子备的安全可靠运行。

第三节　智能变电站继电保护的倒闸操作

一、智能变电站继电保护的倒闸操作形式

与常规变电站不同，智能变电站的继电保护一般采用监控系统顺控操作和遥控软压板操作两种形式。运维和检修人员顺控操作如图 4－2 所示；运维人员手动操作硬压板与遥控操作软压板如图 4－3 所示。智能终端和合并单元的操作采用常规的就地手动操作形式（如图 4－4 所示）。

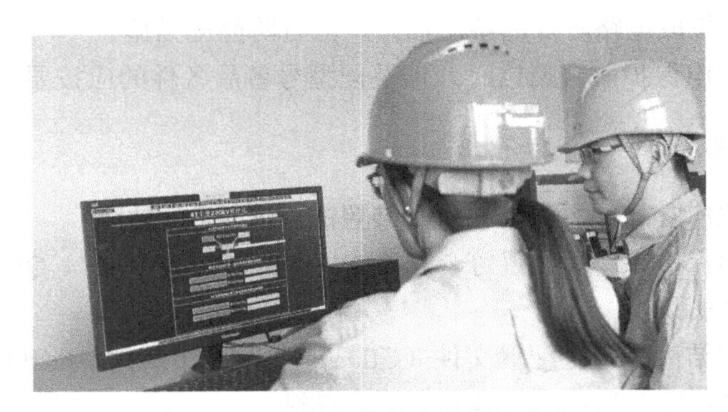

图 4－2　运维和检修人员顺控操作

(a)

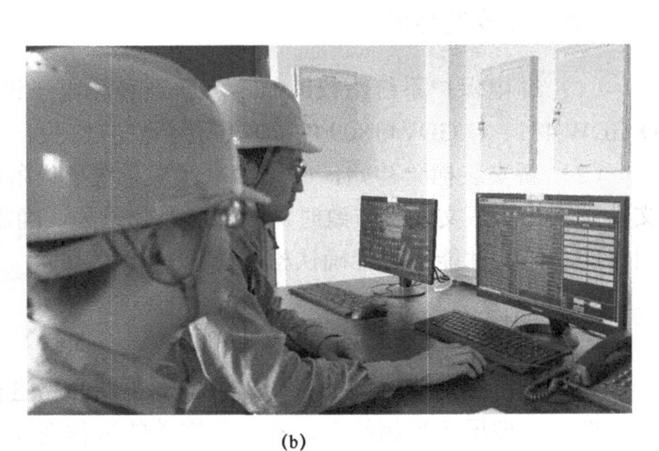

(b)

图 4－3　运维人员手动操作硬压板与遥控操作软压板

（a）手动操作硬压板；（b）遥控操作软压板

(a)

(b)

图 4-4　运维人员在智能终端和合并单元上的操作

(a) 就地智能控制柜操作空气开关；(b) 就地智能控制柜后检查接线

二、智能变电站继电保护的倒闸操作特点

(1) 智能变电站的继电保护状态统一为跳闸、信号和停用三种。跳闸状态一般指装置电源开启、功能压板和出口压板均投入；信号状态一般指出口压板退出，功能压板投入（与其他保护共用出口的线路纵联保护、变压器差动保护、分布式低频低压减载等信号状态仅退出功能压板，母联、母分过电流解列保护信号状态出口压板和功能压板均退出），装置电源仍开启；停用状态一般指出口压板和功能压板均退出，保护检修状态硬压板投入，装置电源关闭。

(2) 智能终端设跳闸和停用两个状态。跳闸状态指装置电源开启，跳合闸出口硬压板投入，检修状态硬压板退出；停用状态指装置电源开启，出口硬压板退出，检修状态硬压板投入。

(3) 合并单元设跳闸和停用两个状态。跳闸状态是指装置电源开启，检修状态硬压板退出；停用状态是指装置电源开启，检修状态硬压板投入。

(4) 对于智能变电站，调度仅对继电保护及自动装置发令，合并单元、智能终端、交换机等检修或故障时，由现场分析二次设备受影响的范围，申请停役相关保护，调度不单独发布指令，由运维人员自行操作。继电保护改跳闸前现场运维人员应确认相应智能终端、合并单元装置处于跳闸状态。

(5) 对具备远方操作功能的微机继电保护装置，若满足“双确认”技术要求，则正常运行时可远方操作保护软压板进行投退，但装置有工作或装置异常时应就地操作。

(6) 继电保护改停用时，除退出相应的功能及出口压板外，还应放上保护“置检修”硬压板，断开装置电源，保护改跳闸时，操作前应注意检查对应的智能终端、合并单元的检修硬压板是否已取下，智能终端的跳、合闸硬压板是否放上，装置是否运行正常。

(7) 正常运行时 220kV 线路重合闸随微机保护同步投退，调度不再单独发令。如调度单独发令操作投退 220kV 线路重合闸时，运行应同时操作两套线路保护重合闸软压板。第一套智能终端操作电源失去时，两套线路保护均应退出重合闸。

（8）以下装置不允许同时停役，否则要求对应的线路或变压器陪停：① 220kV 第一（二）套母差保护与线路（变压器）第二（一）套保护；② 220kV 第一（二）套母差保护与开关第二（一）套智能终端装置。

（9）对线路或母联保护改定值时，需分别对两套保护分别改定值。定值区切换需将相应保护改信号，在保护装置上进行切换，切换后在后台打印并与整定单核对正确后再投入保护。

（10）开关改冷备用，应取下母差保护的开关母差出口 GOOSE 软压板及失灵启动软压板。

（11）220kV 母差保护，各间隔母差电流通过采样 SV 软压板退出或接入母差差动回路，当开关改检修时，须将两套母差保护上的该间隔母差电流采样 SV 软压板退出差动回路。

（12）母差保护中各运行间隔的 GOOSE 发送、GOOSE 接收软压板和 SV 接收软压板在母差“跳闸”状态下必须投入。当某间隔开关由运行（或热备用）改冷备用时，应退出母差保护中对应间隔的 GOOSE 发送、GOOSE 接收软压板；当间隔开关改检修时，还应退出母差保护中对应间隔的 SV 接收软压板。

（13）线路保护中的 GOOSE 接收软压板在保护“跳闸”状态下应投入，在保护由“跳闸”改“信号”（或“停用”）时一般不操作，缺陷处理或工作时由现场自行掌握。

（14）线路、母联（分）保护中的 SV 接收软压板在保护“跳闸”状态下应投入，在保护由“跳闸”改“信号”（或“停用”）时一般不操作，缺陷处理或工作时由现场自行掌握。

（15）线路保护状态改变时，可不操作“停用重合闸”功能投退软压板，而仅操作 GOOSE 重合闸出口软压板。“停用重合闸”功能软压板一般仅在线路重合闸状态改变时操作。

（16）线路、母联（分）保护中的测控功能软压板在保护改“跳闸”时原则上应投入；在保护改“停用”时原则上应退出；在保护“信号”状态时正常运行也应投入，工作时由现场自行掌握。

（17）变压器保护改“跳闸”前，现场应检查对应的智能终端和合并单元装置直流回路正常、检修硬压板已取下，智能终端跳合闸出口硬压板和测控出口硬压板已放上。

三、智能变电站继电保护的倒闸操作要领

（一）状态核对莫轻视

（1）智能变电站继电保护“由信号改跳闸”操作票中，应包含确认相应的智能终端、合并单元装置投入的操作步骤。

（2）智能变电站继电保护“由信号改跳闸”操作票中，应包含确认保护已在信号状态的操作步骤，以避免因信号状态操作不到位导致保护功能压板未投入，为后续运行埋下重大隐患。

（3）线路微机保护由跳闸改信号（或停用）前，应确认纵联保护已在信号状态。

（4）纵联保护由信号改跳闸前，应确认线路微机保护已在跳闸状态。

（5）一次设备停役，投入间隔合并单元“检修状态”硬压板前，应确认仍继续运行的相关母差、变压器等多间隔保护装置对应的SV接收软压板已退出。

（二）操作内容勿遗漏

（1）开关改检修时，应包含退出母差保护（或变压器保护）该检修间隔的SV接收软压板操作。

（2）开关改冷备用时，若间隔电流互感器、电流回路或合并单元有工作，则应在典型操作票内容基础上增加“退出母差保护（或变压器保护）该检修间隔的SV接收软压板”操作内容。开关复役时，应相应地投入该压板。

（3）220kV变压器保护、110kV主后一体化变压器保护中包含了差动保护和各侧后备保护功能，正常操作中，差动和各侧后备作为整体随变压器保护操作令投退。因此，变压器保护状态转换操作票中应包含差动和各侧后备保护功能压板操作。只有因工作需要，调度单独发令操作变压器差动保护时，现场才需单独操作差动功能压板。

（三）操作次序有讲究

（1）线路纵联保护调度单独发令。线路纵联保护正常操作不得直接由跳闸改为停用，也不得直接由停用改为跳闸，否则可能造成高频保护区外故障误动。线路微机保护由跳闸改信号（或停用）前，应确认纵联保护已在信号状态，否则可能造成保护状态错误甚至不正确动作。

（2）一次设备停役，投入间隔合并单元“检修状态”硬压板前，应确认仍继续运行的相关母差、变压器等多间隔保护装置对应的SV接收软压板已退出，否则将导致运行保护误闭锁。

（3）保护由停用改跳闸操作时，应先取下装置“检修状态”硬压板，检查（投入）SV接收软压板、保护功能软压板、GOOSE接收软压板，最后才投入GOOSE发送软压板，否则可能造成操作过程中母差保护、变压器差动保护误动作。跳闸改停用时，应首先退出GOOSE发送软压板。

（4）间隔倒排操作时，母差保护单母（母线互联）压板应在母联开关改运行非自动前投入，在倒排结束母联开关恢复自动后退出，否则若倒排过程中发生故障母差保护将无法快速切除。

（5）母线分列操作时，母差保护分列压板应在母联开关停役后投入，在母联开关复役前退出，否则可能导致母差保护告警闭锁。

（四）软硬压板须兼顾

（1）常规变电站运行一般操作保护硬压板来实现状态转换。同时，运行必须对保护软压板位置进行预设，并在运规中明确规定，否则可能因漏投、误投软压板导致保护未按要求投入造成不正确动作。

（2）常规变电站保护功能投退软、硬压板一般为“与”门逻辑，线路保护停用重合闸、母差保护母线互联和分列软、硬压板一般为“或”门逻辑。

（3）智能变电站保护一般只设“远方操作”和保护“检修状态”硬压板。正常运行时，保护装置和智能终端、合并单元严禁放上“检修状态”硬压板。

（4）间隔合并单元异常时，若保护双重化配置，则将该合并单元对应的间隔保护改信号，母差保护仍投跳（500kV 母差保护因无复合电压闭锁功能需改信号）。

第四节　智能变电站继电保护的调试

一、仪器、仪表的基本要求和配置

（一）仪器仪表配置

配置以下仪器、仪表：

（1）应配置：数字式继电保护测试仪，如图 4－5 所示；光电转换器；模拟式继电保护测试仪，如图 4－6 所示。

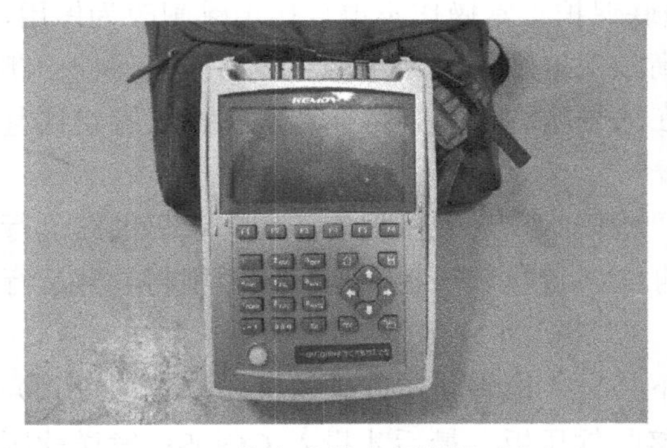

图 4－5　数字式继电保护测试仪

图 4－6　模拟式继电保护测试仪

（2）调试电子式互感器及合并单元应配置：电子互感器校验仪、标准时钟源、时钟测试仪。

（3）调试光纤通信通道（包括光纤纵联保护通道和变电站内的光纤回路）时应配置：光源、光功率计、激光笔、误码仪、可变光衰耗器、法兰盘（各种光纤头转换，如 LC 转 ST 等）、光纤头清洁器、光纤测试器、光纤通道测试仪等仪器。如图 4－7～图 4－10 所示。

（4）宜配置便携式录波器、便携式电脑、网络记录分析仪、网络测试仪、模拟断路器、电子式互感器模拟仪，如图 4－11 所示，分光器、数字式相位表、数字式万用表、光纤线序查找器。

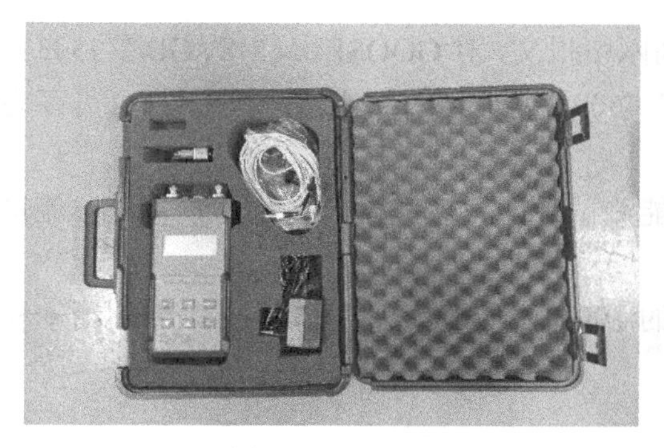

图 4－7　光源表

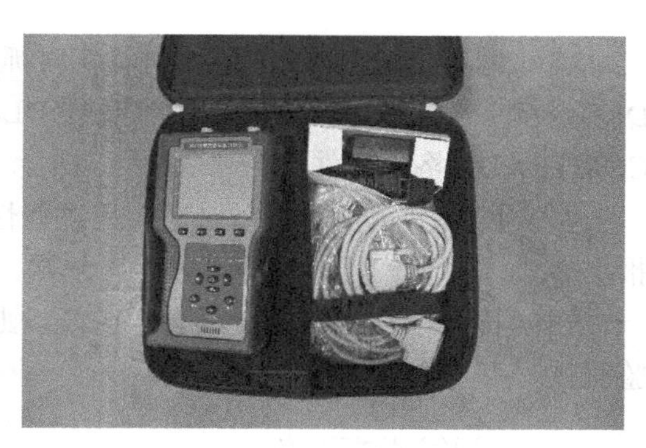

图 4－8　误码仪

图 4－9　光纤测试器

图 4－10　光纤通道测试仪

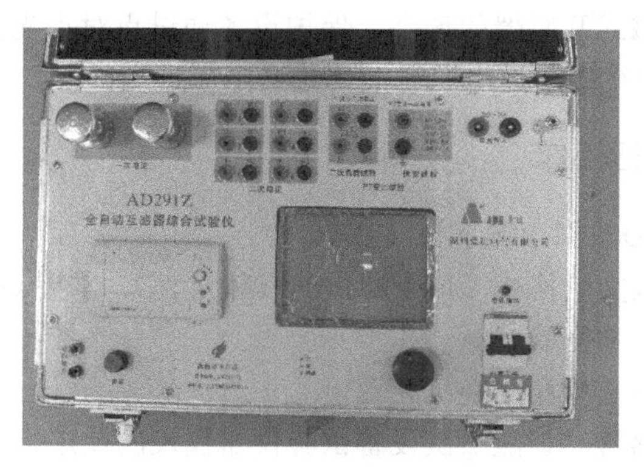

图 4－11　电子式互感器模拟仪

（二）仪器仪表要求

（1）装置检验所使用的仪器、仪表必须经过检验合格，并应满足 GB/T 7261—2008 中的规定，定值检验所使用的仪器、仪表的准确级应不低于 0.5 级。

（2）电子互感器校验仪：提供模拟量输入端口和数字量输入光纤接口，适应输出为模拟量和数字量的电子式互感器；可以接受不同格式的 SV 报文（GB/T 20840.8、DL/T 8609.2）；提供时钟输出端口，适应需要外同步的电子互感器；具有准确度测量、额定延时测量、极性测试和 SV 报文离散性测试功能。

（3）网络记录分析仪：能够进行实时抓捕网络报文，对GOOSE、MMS、GB/T 25931、DL/T 8609.2报文进行解析，并能根据DL/T 8609.2报文绘制模拟量波形，且可另存为COMTRADE格式文件。

（4）网络测试仪：可以对交换机进行性能测试，同时可以模拟网络背景流量，流量报文格式、大小、发送频率可以手工配置。

（5）检验便携式电脑：具有1个及以上的100M/1000M以太网口，必须专门用于检验测试。

二、检验测试系统

根据现场情况和试验条件，可以灵活采用以下几种方式进行智能变电站继电保护试验。

（1）保护设备和数字继电保护测试仪之间采用光纤点对点连接，通过光纤传送采样值和分合闸信号。

（2）保护设备通过点对点光纤连接数字继电保护测试仪和智能终端，智能终端通过电缆连接数字继电保护测试仪。

（3）针对采用电子式互感器的场合，需要和现场所用的电子式互感器模拟仪配合使用。保护设备通过点对点光纤连接合并单元和智能终端，合并单元通过点对点光纤连接电子式互感器模拟仪，电子式互感器模拟仪和智能终端通过电缆连接传统继电保护测试仪。

（4）针对采用电磁式互感器的场合，保护设备通过点对点光纤连接合并单元和智能终端，合并单元和智能终端通过电缆连接传统继电保护测试仪。

三、检验前的准备工作

（1）熟悉全站SCD文件和装置的CID文件。

（2）掌握采样值报文的格式（每个通道的具体定义），掌握GOOSE报文的格式（虚端子数据集的定义及对应关系）。

（3）掌握全站网络结构和交换机配置。

（4）掌握电子互感器、智能二次设备试验仪器仪表的使用。

四、合并单元检验

（一）MU发送SV报文校验

（1）SV报文丢帧率测试。检验SV报文的丢帧率，10min内不丢帧。

（2）SV报文完整性测试。检验SV报文中序号的连续性，SV应从报文的序号0连续增加到$50N-1$（N为每周波采样点数），再恢复到0，任意相邻两帧SV报文的序号应连续。

（3）SV报文发送频率测试。80点采样时，SV报文应每一个采样点一帧报文，SV报文的发送频率应与采样点频率一致，即1个APDU包含1个ASDU。

（4）SV 报文发送间隔离散度检查。检验 SV 报文发送间隔是否等于理论值（20/N・ms，*N* 为每周波采样点数）。测出的间隔抖动应在±10μs 之内。

（5）SV 报文品质位检查。在互感器工作正常时，SV 报文品质位应无置位；在互感器工作异常时，SV 报文品质位应不附加任何延时正确置位。

（二）MU 失步再同步性能检验

（1）检查 MU 失去同步信号再获得同步信号后，将 MU 的外部对时信号断开，过 10min 再将外部对时信号接上，MU 传输 SV 报文抖动时间应小于 10μs（每周波采样 80 点）。

（2）MU 检修状态测试：MU 发送 SV 报文检修品质应能正确反映 MU 装置检修压板的投退。当检修压板投入时，SV 报文中的“test”位应置 1，装置面板应有显示；当检修压板退出时，SV 报文中的“test”位应置 0，装置面板应有显示。

（3）MU 电压切换功能检验：给 MU 加上电压，两组母线通过 GOOSE 网给 MU 发送不同的刀闸位置信号，检查自动切换功能是否正确。

（4）MU 电压并列功能检验：接入一组母线电压，给电压间隔合并单元将电压并列把手拨到相邻的两母线并列状态，通过合并器后端设备观察显示的两组母线电压，并且幅值、相位和频率均一致，电压间隔合并单元同时显示并列前的两组母线电压。

（5）MU 准确度测试：用继电保护测试仪给 MU 输入额定交流模拟量（电流、电压），读取 MU 输出数值与继电保护测试仪输入数值，通过低值、高值、不同相位等采样点检查 MU 的精度是否满足技术条件的要求。

（6）MU 传输延时测试：对电磁式互感器配置的合并单元，检查 MU 接收交流模拟量到输出交流数字量的时间，MU 传输延时应满足技术要求。

五、继电保护检验

（一）交流量精度检查

（1）零点漂移检查。模拟量输入的保护装置零点漂移应满足装置技术条件的要求。

（2）各电流、幅值和相位精度检验。电压输入的检查各通道采样值的幅值、相角和频率的精度误差，满足技术条件的要求。

（3）同步性能测试。检查保护装置对不同间隔电流、电压信号的同步采样性能，满足技术条件的要求。

（二）采样值品质位无效测试

（1）采样值无效标识累计数率超过保护量或无效频允许范围，可能误动的保护功能应瞬时可靠闭锁，与该异常无关的保护功能应正常投入，采样值恢复正常后被闭锁的保护功能应及时开放。

（2）采样值数据标识异常应有相应的掉电不丢失的统计信息，装置应采用瞬时闭锁延时报警方式。

（三）采样值畸变测试

对于电子式互感器采用双 A/D 的情况，一路采样值畸变时，畸变数值大于保护动作定值，同时品质位有效，保护装置不应误动作，同时发出告警信号。

（四）检修状态测试

检验内容及要求：

（1）报文的检修品质应能正确反映保护装置检修压板的投退。保护装置输出报保护装置检修压板投入后，发送的 MMS 和 GOOSE 报文检修品质应置位，同时面板应有显示；保护装置检修压板打开后，发送的 MMS 和 GOOSE 报文检修品质应不置位，同时面板应有显示。

（2）输入的 GOOSE 信号检修品质与保护装置检修状态不对应时，保护装置应正确处理该 GOOSE 信号，同时不影响运行设备的正常运行。

（3）在测试仪与保护检修状态一致的情况下，保护动作行为正常。

（4）输入的 SV 状态不对应时，保护应报警并闭锁。

（五）软压板检查

检查设备的软压板设置是否正确，软压板功能是否正常。软压板包括 SV 接收软压板、GOOSE 接收/出口压板、保护元件功能压板等。

（六）开入开出端子信号检查

根据设计图纸，投退各个操作按钮、把手、硬压板，查看各个开入开出量状态，检查开入开出实端子是否正确显示当前状态。

（七）虚端子信号检查

（1）设备发出通过数字继电保护测试仪加输入量或通过模拟开出功能使保护 GOOSE 开出虚端子信号，抓取相应 GOOSE 发送报文分析或通过保护测试仪接收相应 GOOSE 开出，以判断 GOOSE 虚端子信号是否能正确发送。

（2）通过数字继电保护测试仪发出 GOOSE 开出信号，通过待测保护设备的面板显示来判断 GOOSE 虚端子信号是否能正确接收。

（3）通过数字继电保护测试仪发出 SV 信号，通过待测保护设备的面板显示来判断 SV 虚端子信号是否能正确接收。

检查设备的虚端子（SV/GOOSE）是否按照设计图纸正确配置。

（八）整定值的整定及检验

设置好设备的定值，通过测试系统给设备加入电流、电压量，显示和保护测试仪显示，观察设备面板，相应的保护功能和安全自动功能是否正常。记录设备动作情况和动

作时间，各个间隔保护跳闸回路延时性能测试应满足要求。

六、智能终端检验

（一）动作时间测试

检查智能终端响应 GOOSE 命令的动作时间。测试仪发送一组 GOOSE 跳、合闸命令，并接收跳、合闸的接点信息，智能终端应在 7ms 内可靠动作。

（二）传送位置信号测试

通过数字继电保护测试仪分别输出相应的电缆分、合信号给智能终端，再接收智能终端发出的 GOOSE 报文，解析相应的虚端子位置信号，观察是否与实端子信号一致，并通过继电保护测试仪记录开入时间——智能终端应能通过 GOOSE 报文准确传送开关位置信息，开入时间应满足技术条件要求。

（三）SOE 分辨率测试

使用时钟源给智能终端对时，同时将 GPS 对时信号接到智能终端的开入，通过 GOOSE 报文观察智能终端发送的 SOE。智能终端的 SOE 分辨率应不大于 1ms。

（四）检修测试

投退智能终端“检修压板”，查看智能终端发送的 GOOSE 报文，同时由测试仪分别发送“TEST”为 1 和“TEST”为 0 的 GOOSE 跳、合闸报文，应响应“TEST”为 1 的 GOOSE 跳、合闸报文，不响应“TEST”为 0 的 GOOSE 跳、合闸报文。

七、整组试验

整组试验是在装置单体试验的基础上，以 SCD 文件为指导，着重验证保护装置之间的相互配合。

（1）采用电子式互感器的场合，通过数字输出保护测试仪给保护装置加入电流、电压及相关的 GOOSE 开入，并通过接收保护的 GOOSE 开出确定保护的动作行为，保护整组测试方案同常规保护，参照 DL/T 995—20066.7。

（2）采用电磁式互感器的场合，通过模拟输出保护测试仪给合并单元加入电流、电压及相关的接点开入，并通过接收保护的 GOOSE 开出确定保护的动作行为，保护整组测试方案同常规保护，请参照 DL/T 995—20066.7。

八、与调控系统、站控层系统的配合检验

（一）检验前的准备

（1）检验人员在与厂站自动化系统、继电保护及继电保护装置故障信息管理系统的

配合检验前应熟悉图纸，并了解各传输量的具体定义并与厂站自动化系统、继电保护及故障信息管理系统的信息表进行核对。

（2）通过 SCD 文件检查各种继电保护装置的动作信息、告警信息、状态信息、录波信息和定值信息的传输正确性。

（3）现场应制订配合检验的传动方案。

（二）检验内容及要求

（1）召唤模型，继电保护装置的离线获取模型和在线两者应该一致，且应符合 Q/GDW 396—2012。重点检查各种信息描述名称、数据类型、定值描述范围。

（2）检查继电保护发送给站控层网络的动作信息、告警信息、保护状态信息、录波信息及定值信息的传输正确性。

1）继电保护设备应能够支持不小于 16 个客户端的 TCP/IP 访问连接；报告实例数应不小于 12 个。

2）继电保护设备应支持上送采样值、开关量、压板状态、设备参数、定值区号及定值、自检信息、异常告警信息、保护动作事件及参数（故障相别、跳闸相别和测距）、录波报告信息、装置硬件信息、装置软件版本信息、装置日志信息等数据。

3）继电保护设备主动上送的信息应包括开关量变位信息、异常告警信息和保护动作事件信息等。

4）继电保护设备应支持远方投退压板、修改定值、切换定值区、设备复归功能，并具备权限管理功能。

5）继电保护设备的自检信息应包括硬件损坏、功能异常、与过程层设备通信状况等。

6）应支持远方召唤所有录波报告的功能。

7）继电保护设备应将检修压板状态上送站控层设备；上送当继电保护设备检修压板投入时，报文中信号的品质 q 的 Test 位应置为 1。

（三）检验方法

（1）继电保护模型离线获取方法：设计单位将 SCD 文件提交变电站调试验收人员。

（2）继电保护模型在线召唤方法：站控层设备通过召唤命令在线读取继电保护装置的模型。

（3）继电保护信息发送方法：通过各种继电保护试验、通过继电保护设备的模拟传动功能、通过响应站控层设备的召唤读取等命令。

第五节　智能变电站继电保护的异常及处理

智能变电站，相对于常规站，新增了过程层设备。鉴于设备处理信息量较大，同时运行环境的不确定性，新增的设备会在运行的过程中出现死机、告警的现象。

一、智能终端

智能终端柜是集端子箱、断路器、隔离开关操作箱和最终出口硬压板为一体，安放在现场的箱柜，是接收室内保护、测控装置的 GOOSE 开出，动作于断路器和隔离开关，同时把开关和刀闸的位置和状态通过 GOOSE 信息传送至测控和保护装置。

（一）智能终端异常处理

智能终端异常或者故障时，断路器可能误动或拒动，相关联的保护动作跳闸可能 GOOSE 链路中断无法跳开或重合本断路器，相关的测拉装置可能采集不到本间隔的遥信值，断路器和隔离开关可能无法操作。

智能终端装置上告警灯和网络异常灯点亮时，说明智能接口到室内该间隔相关装置的光纤网络有断开点，此时会影响对一次设备的操作和保护的，问题比较严重，应查看该间隔所有设备是否有失电情况，如果恢复不了，则应通知相关调度和检修部门进行处理。隔离开关箱上告警灯亮时，说明隔离开关箱内部电路有问题，已经不能分合隔离开关，但不影响保护跳断路器，此时也应同时相关部门进行处理。断路器箱上，当分合闸位置指示灯全亮，或者指示全部熄灭时说明已经控制回路断线，如果伴随着相应电源指示灯熄灭，说明该段直流电源消失，要及时恢复直流电源。如仍然控制回路断线，则要通知相关部门进行处理。

智能终端装置异常应及时汇报调度，经调度许可后运检人员按现场运行规程自行将装置改“停用”状态后重启装置一次，并将结果汇报调度。如异常消失则按现场运行规程自行恢复到“跳闸”状态；如异常没有消失保持“停用”状态，将状态及系统影响情况汇报调度并通知检修处理（申请相应的母线保护、线路保护改信号）。智能终端装置关闭时直流电源的顺序为：装置电源、遥信电源、操作电源。

线路断路器智能终端异常：双套配置的，退出本装置。当本装置故障可能导致误开出 GOOSE 报文，对应线路保护可能误动时，退出相应线路保护。单套配置的，对应一次设备应停电。不能远方操作的，应就地停运断路器。

母联（分段）断路器智能终端异常：双套配置时，退出本装置。当本装置故障可能导致误开出 GOOSE 报文，对应母线保护、母联（分段）保护可能误动时，退出相应保护。单套配置的，在充电保护投入时按控制回路断线处理。正常运行时考虑变压器联跳母联（分段）、备自投母联（分段）不能执行的影响。

变压器断路器智能终端异常：双套配置时，退出本装置。单套配置时，对应一次设备应停电。不能远方操作的，应就地停运断路器。

变压器本体智能终端异常：影响通过本智能终端的遥控、遥调、遥信功能。

电压互感器智能终端异常：影响通过本智能终端的遥控、遥信功能。

智能终端异常处理时注意事项及相应的隔离措施：

（1）常规智能终端。智能终端异常时，应退出装置上的保护跳合闸出口硬压板、测控出口硬压板，投入检修硬压板，重启一次。

重启智能终端前，需要将智能终端的出口硬压板取下。具体包括：保护跳闸出口压板、重合闸出口压板、开关遥控出口压板、闸刀遥控出口压板、压变二次回路开断遥控压板、重合闸相互闭锁压板。

其目的在于，防止重启智能终端时，智能终端内部开关跳合闸触点、闸刀分合触点误动，导致一次设备误动作。考虑到的危险点与合并单元重启时相同，即装置异常影响自身检修状态的有效性。

（2）本体智能终端。变压器非电量保护及本体智能终端异常，需要重启时，非电量保护相关的出口硬压板不需要退出。在合电源时，只合变压器本体智能终端电源，非电量保护电源禁止拉合。

此处需要强调的是，智能站非电量保护通过电缆直连至变压器各侧开关的跳圈，在变压器内部故障时，相应继电器动作，直接跳开变压器各侧开关；本体智能终端只负责上传信号，以及变压器中性点接地开关、有载调压的遥控。

因此，针对变压器非电量保护与本体智能终端集成在一起的设备，要求非电量保护与本体智能终端电源完全分开。即在本体智能终端异常时，不能影响非电量保护的功能。

（二）智能终端运行注意事项

（1）装置正常运行时，运行灯亮，间隔开关、隔离开关合位指示灯与现场运行方式相符时亮，其余指示灯灭。

（2）每套智能终端均提供温度、湿度遥信输入，当监控后台发现某智能终端柜内智能终端温度较其他终端柜内温度明显过高时，应立即至现场进行检查，如风扇故障则按重要缺陷上报。

（3）隔离开关、接地开关的现场电动操作需校验智能终端监控闭锁逻辑，当智能终端故障或装置电源失去时，现场隔离开关、接地开关不能进行电动操作。

（4）智能终端退出运行时，将造成相应 GOOSE 网关联保护不能动作出口跳闸。

（5）智能终端故障时，应立即汇报调度，拉开智能终端操作电源，并取下分合闸出口压板，放上检修状态压板。

（6）第一套智能终端故障或装置电源断开时，将影响线路或断路器重合闸功能，相应重合闸功能失去。

（7）保护装置电源失去时，将造成智能终端 GOOSE 传输中断，无法完成相关信息上传，其装置本身装置故障和告警信号采用硬接点通过另一台智能终端上传监控后台。

（8）智能终端输出相应的防误闭锁接点进行现场就地电动操作的防误闭锁。当测控装置故障时，可放上相应隔离开关、接地开关监控解锁压板进行操作。

（9）相关保护正常停用严禁操作智能终端分、合闸出口硬压板。

二、合并单元

合并单元（MU）是 TA/TV 与保护、测控等设备接口的重要组成部分，主要功能是同步采集多路互感器输出的电压、电流量，并按照规定格式发送给保护、测控设备。

合并单元异常或故障时，相应的保护装置电压或电流无法正确采样，保护会闭锁或误动，过程层交换机 GOOSE 链路异常，故障录波和相应的电能计量无法正确采样，母线 TV 合并单元异常或故障，相应的母差复压条件开放，合并单元异常或故障时，应立即查明原因，设法恢复，并汇报调度，如果无法恢复，申请停用该装置和相关保护，按照调度要求调整其余保护的运行方式，并通知检修。

（一）合并单元异常处理

若合并单元发生故障，经调度许可后运行人员按现场运行规程自行将装置改“停用”状态后重启装置一次，并将结果汇报调度。如异常消失则按现场运行规程自行恢复到“跳闸”状态；如异常没有消失保持“停用”状态，将状态及系统影响情况汇报调度（申请相应的母线保护、线路保护改信号）并通知检修处理。

针对不同配置的合并单元异常，当其出现合并单元异常时，相应的处理及隔离措施如下：

（1）双套配置的间隔合并单元异常。双套配置的间隔合并单元，异常需要重启时，将对应的间隔保护改信号，母差保护仍保持跳闸状态；放上合并单元检修硬压板，重启一次。但针对异常情况下的合并单元，无法确保在装置检修硬压板放上的情况下，装置进入检修状态（即发出的 SV 报文带检修标志）。因此，需要在装置重启过程中，防止保护装置的误动。

同时，考虑到双套配置的合并单元对应两套保护，在单套保护装置改为信号的况下，另一套保护仍能够正常运行。

综上所述，在双套配置的间隔合并单元异常，需要重启时，将对应的间隔保护改信号。而母差保护保持跳闸状态的原因在于，母差保护可以依靠自身的复压闭锁防止装置的误动。

（2）单套配置的间隔合并单元异常。单套配置的间隔合并单元，异常需要重启时，直接放上合并单元检修硬压板，重启一次；相关保护不需要状态改变。

针对单套配置的合并单元，在装置异常时，保护功能必然受到影响，相当于一次设备在失去保护的情况下运行，此时，异常处理的方法就需要在安全与速度上综合考虑。

处理安全上来讲，应将间隔保护改信号，从而防止保护装置的误动；而处理速度上来讲，应尽量减少一次设备在无保护情况下的运行时间。

由于在合并单元异常时，间隔保护功能已受到影响，同时在处理人员赶到现场前，调度在远端并不会拉停设备。若在异常处理时，将保护改为信号，无非是延长一次设备在无保护情况下的运行时间。

因此，对于单套配置的合并单元，重启时直接放上合并单元检修硬压板即可。

（3）母设合并单元异常。母设合并单元，异常需要重启时，直接放上合并单元检修硬压板，等待一定时间（大约 5s），重启一次针对线路保护而言，距离保护闭锁。

由于母设合并单元异常时，影响到的保护设备较多。因此，在异常处理时，如果将受影响的保护均改为信号状态，无疑会延长异常处理的时间，同时会增大风险。

同时，在母设合并单元异常母线电压失去的情况下，相关线路保护会闭锁，变压器、母差保护仍有电流判据保证动作的正确性。因此，在母设合并单元异常时，可以直接放上检修硬压板重启。而针对重启前的5s延时，主要是考虑到确保相关保护装置闭锁（报出“TV断线”）的时间延时不同，确保重启前，受影响的保护均已可靠闭锁。

（二）合并单元运行注意事项

（1）各指示灯指示正常，检修运行灯、对时同步灯、GOOSE通信灯、各通道灯均常亮绿灯，远方就地灯常亮红灯，开关位置灯指示正确，其他灯都熄灭。

（2）当合并单元失步时，同步灯熄灭，但不告警，要检查本屏的交换机是否失电，保证交换机工作正常。否则要看其他同网的合并单元是否也同时失步，如果都同时失步，要马上检查主干交换机和主时钟是否失电，要保证主干交换机和主时钟工作正常。如果均正常，则通知相关调度和部门进行处理。

（3）当告警点亮和采集灯闪烁时，要重新插拔相应采集光纤，如果仍然告警，则要通知相关调度和保护人员。

（4）正常运行时，应检查合并单元检修硬压板在退出位置，只有该间隔停运检修时才可以根据需要投入该压板。

（5）当合并单元与交换机的光纤中断时，间隔保护测控上会报出“SMV通道异常”，或者“采样数据异常”，需要马上通知相关调度和保护人员处理。

三、保护装置

保护装置异常时，放上装置检修压板，重启装置一次。保护装置重启后若异常消失，将装置恢复正常运行状态，若异常没有消失，保持该装置重启时状态。

线路保护装置异常：对双套配置的，退出本套异常装置。对单套配置的，对应一次设备应停电，并退出母线保护相应间隔。

母联、分段充电保护装置异常：仅在充电时考虑。对单套配置的，视为无保护状态处理；对双套配置的，不影响正常操作。

变压器保护装置异常：对双套配置的，退出本套异常装置。对单套配置的，对应一次设备应停电，并退出母线保护相应间隔。

母线保护装置异常：对双套配置的，退出本套异常装置。对单套配置的，母线失去主保护，依赖线路、变压器的后备保护。

四、其余相关异常处理及注意事项

（一）其余异常处理

（1）逆变电源插件异常：若指示灯显示异常电压，应检查测量输入输出电压，采取的措施为更换电源插件，若有糊味、过热的现场，现场应检查负载，排除过电流负载，更换插件。

（2）CPU 系统异常：系统出现重复启机、死机现象。检查软件及硬件缺陷，通过制造商更换硬件，升级软件。

（3）交流采样异常：出现数据跳变、数据错误、精度超差、交流采样通道异常等情况，检查合并单元工作是否正常，软件配置是否正确；检查采集单元工作是否正常；检查各智能电子设备相关报文；检查接线是否正确、压接、连接是否良好；检查硬件是否有损坏。采取的措施为：升级软件或者更换插件；对接线重新压接，正确设置装置参数等。

（4）开关量回路异常：出现开关量异常现象。检查接线是否正确、压接是否良好；检查硬件是否有损坏；检查智能终端；检查是否有干扰；检查光纤连接是否良好。采取的措施为：对接线、回路重新压接，正确设置参数，更换插件。

（5）GOOSE 光纤通道异常：出现信号中断、衰耗变化、误码增加现象。检查连接是否正常；检查交换机是否正常；检查各智能电子设备是否正常。采取的措施为：调整参数，更换有缺陷插件、光缆等。

（6）二次常规回路异常：目测、万用表测量等发现接触不良、断线，采取的措施为：压接牢固；绝缘损坏，检查接线，采取的措施为：处理损坏处，更换有缺陷的电缆、插件等；接线错误，检查接线，采取的措施为：重新正确接线；接地，检查接线，排除接地。

（7）线路纵联保护光纤通道异常：出现衰耗变化、信号中断、误码增加等现象，检查连接是否异常；检查光电接口、光缆、光端机是否异常等。检查保护设备。采取的措施为：调整参数，更换有缺陷插件、光缆、电缆等。

（8）GOOSE 交换机异常时，重启一次。重启后异常消失则恢复正常继续运行；如果异常没有消失，退出相应受影响的保护装置。

（9）监控后台发 GOOSE 断链告警信号时，现场根据 GOOSE 二维表做出判断，同时结合网络分析仪进行辅助分析确定故障点，判断 GOOSE 断链告警是否误报，若无误报，确定 GOOSE 断链是由于发送方故障引起还是接收方、网络设备引起，进行现场检查，并按照现场运行规程进行处理。

（二）注意事项

智能变电站在异常缺陷处理过程中应注意：

（1）“检修压板”根据检修个工作和试验需要投退，应注意与运行状态装置的有效隔离，并注意恢复。

（2）电子互感器的激光供能电源一般不能空载，不能用眼睛观察激光孔和激光电缆。

（3）光纤、光接头等光器件在未连接时应用相应的保护罩套好，以保证脏物不进入光器件或污染光纤端面。

（4）在没有做好安全措施的情况下，不应拔插光纤插头。

（5）保护装置的光纤插拔，可能会造成光纤参数变化报警。此时，不应随意通过本地命令中的光纤参数变化确认来复归报警信号。检修人员应确定拔插的光纤是否为同一光纤。

（6）保护缺陷处理后需做传动时，可退出智能终端的出口压板，通过测量智能终端的压板来验证回路的正确性。

（7）变压器非电量智能终端发生 GOOSE 断链时，非电量保护可继续运行，但应加强运行监视。

（8）收集异常装置、与异常装置相关装置、网络分析仪、监控后台信息，进行辅助分析，初步确定异常点。

（9）如果确认装置异常，取下异常装置背板光纤，进行检查处理。

（10）确认装置“恢复安措”（恢复前的补充安措）状态正确，接入光缆；检查装置无异常、相关通信链路恢复后装置投入运行。

第六节　智能变电站继电保护的验收

继电保护现场验收的目的是检查和校验保护装置工作状态及其二次回路设计、接线等正确性，确保运行时设备能正常工作并可靠动作。智能变电站现场验收包含原验收规范要求的全部项目，并增加首次检验必需的重要项目，重点验收继电保护系统的隐蔽工程及在运行过程中不能通过装置自检所反映的问题，含资料验收、公用部分验收、二次回路验收、过程层设备验收、间隔层设备验收等项目。

验收前，验收人员应根据变电站设备实际情况，对本规范规定的验收报告内容进行必要的补充和调整。验收时，验收人员应根据验收报告认真验收、记录，并与施工单位试验报告数据进行核对，发现问题及时记录。验收结束，各验收小组应将现场验收报告整理装订，做好移交准备工作。验收组应汇总填写变电站验收报告，在验收报告中明确存在的问题、整改要求、验收结论等。并且验收报告应在工程投产前上报投产启动委员会。被验收工程如存在不满足验收规范及反措要求、影响到保护安全运行的项目，在整改完成前不允许投入运行。

一、资料验收

（一）施工单位应提供资料

施工单位应提供如下资料：

（1）完工报告。

（2）监理报告。

（3）齐全的继电保护试验（调试）报告。

（4）断路器、电流互感器、电压互感器的试验报告。

（5）正式或调试保护整定单。

（6）全站电流互感器二次绕组极性、变比的实际接线示意图。

（7）设计变更通知单。

（8）符合实际的继电保护技术资料，包括出厂检验报告、合格证、设备屏图、集成测试报告、说明书等。

（9）型式试验和出厂验收试验报告（含在集成商厂家所进行的互操作性试验报告）齐全，相关试验数据和功能验收结果需满足相关标准和技术协议要求。

（10）符合实际的继电保护竣工图纸。

（11）最终版本的各种配置文件及注明修改日期的清单，包括全站 SCD 文件、各装置 CID 文件；MMS 网、GOOSE 网、SV 网交换机端口分配表；全站设备 MAC 地址表、IP 地址分配表。

（二）配置文件检查

智能变电站中，存在四种类型的模型文件：ICD、SSD、SCD、CID。配置文件检查具体包括 7 方面：

（1）SCD 文件应视作常规变电站竣工图纸，统一由现场调试单位提供，SCD 文件以图纸资料要求管理。

（2）SCD 文件应能描述所有 IED 的实例配置和通信参数、IED 之间的通信配置以及变电站一次系统结构，且具备唯一性。

（3）检查 SCD 文件应包含版本修改信息，明确描述修改时间、修改版本号等内容。

（4）站控层、间隔层和过程层访问点（Access Point）健全，文件中逻辑设备、逻辑节点和数据集等参数符合 IEC 61850 工程继电保护应用模型标准。

（5）ICD 文件与装置一致性检查：核对 ICD 文件中描述的出口压板数量、名称，开入描述应与设备说明书一致，与设计图纸相符。

（6）检查 VLAN－ID、VLAN 优先级等配置应与设计图纸相符。

（7）检查报告控制块和日志控制块，应满足正常运行要求。

（三）虚端子检查

虚端子检查包括 4 个方面：

（1）检查 SCD 文件中的虚端子连接应与设计图纸一致。

（2）检查 SCD 文件中信息命名应与装置显示及图纸一致。

（3）检查最终版本的各种配置文件及注明修改日期的清单，包括全站 SCD 文件、各装置 CID 文件。

（4）检查全站网络结构图，含 MMS 网、GOOSE 网、SV 网交换机端口分配表；全站设备 MAC 地址表、IP 地址分配表。

二、公用部分验收

（一）设备外观检查

设备外观检查包括 4 个方面：

（1）站控层设备、间隔层设备、过程层设备、网络设备及辅助设备数量及型号应与工程技术协议及设备设计清单一致，且外观完好，无破损、划伤。

（2）设备铭牌与标示内容正确、字迹清晰，且符合国家相关标准。

（3）屏柜前后都应有标志，屏内设备、空气开关、把手、压板标识齐全、正确，与图纸和现场运行规范相符。

（4）屏柜附件安装正确；前后门开合正常；照明、加热设备安装正常、标注清晰；打印机工作正常。

（二）接线检查

1. 电缆接线检查

电缆接线检查具体包括6个方面内容：

（1）电缆型号和规格必须满足设计和反措的要求。

（2）所有电缆应采用屏蔽电缆，断路器场至保护室的电缆应采用铠装屏蔽电缆。

（3）电缆标牌应齐全正确、字迹清晰、不易褪色，须有电缆编号、芯数、截面及起点和终点命名。

（4）电缆屏蔽层接地按反措要求可靠连接在接地铜排上，接地线截面积不小于$4mm^2$。

（5）汇控柜、智能柜、保护屏内电缆孔及其他孔洞应可靠封堵，满足防雨防潮要求。

（6）交流、直流回路不能合用同一根电缆；保护用电缆与电力电缆不应同层敷设。

2. 端子接线检查

端子接线检查具体包括10个方面内容：

（1）检查所有端子排螺丝均紧固并压接可靠。

（2）检查装置背板二次接线应牢固可靠，无松动；背板接插件固定螺钉牢固可靠，无松动。

（3）回路编号齐全、正确、清晰、不易褪色。

（4）正负电源之间至少隔一个空端子。

（5）每个端子最多只能并接两芯，严禁不同截面的两芯直接并接。

（6）不同设备单元的端子布线应分开，不同单元的连线须经端子排，正电源应直接接在端子排上。

（7）跳、合闸出口端子间应有空端子隔开，在跳、合闸端子的上下方不应设置正电源端子。

（8）压板的连接片应开口向上，相邻间距足够，保证在操作时不会触碰到相邻连接片或继电器外壳，穿过保护柜（屏）的连接片导杆必须有绝缘套，屏后必须用弹簧垫圈紧固。

（9）跳闸线圈侧应接在出口压板上端。

（10）加热器与二次电缆应有一定间距。

3. 保护通道接线检查

保护通道接线检查包含3个方面内容：

（1）高频同轴电缆应在两端分别接地，结合滤波器侧的高频电缆屏蔽层应在与结合

滤波器水平距离 3～5m 处与 100mm² 屏蔽铜导线连接，该铜导线与电缆沟内接地网连接。

（2）光纤保护通道光缆、尾纤标识齐全、正确。

（3）光电转换器、电源空气开关、电源屏上电源空气开关标示应正确清晰。

4. 光纤、光纤配线架、网线检查

光纤、光纤配线架、网线检查包括 13 方面内容：

（1）尾纤、光缆、网线应有明确、唯一的名称，应注明两端设备、端口名称、接口类型与图纸一致。

（2）光缆标牌编号、芯数以及起点和终点的命名应正确齐全、字迹清晰、不易褪色。

（3）光纤弯曲曲率半径均大于光纤外直径的 20 倍，分段固定，走向整齐美观，便于检查。

（4）尾纤的连接应完整且预留一定长度，多余的部分应采用弧形缠绕。尾纤在屏内的弯曲内径大于 10cm（光缆的弯曲内径大于 70cm），不得承受较大外力的挤压或牵引。

（5）尾纤不应存在弯折、窝折现象，不应承受任何外重，不应与电缆共同绑扎，尾纤表皮应完好无损。

（6）尾纤接头应干净无异物，连接应可靠，不应有松动现象。

（7）光纤配线架中备用的及未使用的光纤端口、尾纤应戴防尘帽。

（8）光缆熔接工艺符合相关规范要求，光缆熔接盒位置合理、固定可靠，不超规定熔接数量；ODF 架标签正确、齐全，备用光纤芯应明确标注。

（9）网线的连接应完整且预留一定长度，不得承受较大外力的挤压或牵引，标牌齐全正确。

（10）网络通信介质宜采用多模光缆，波长 1310nm，宜统一采用 ST 型接口。

（11）抽样检查光纤链路发送端功率、接收端功率，计算链路衰耗，确保无异常。

（12）光纤链路收发功率检查可采用抽检，与建设单位试验报告数据进行核对。

（13）重点检查备用光纤芯的数量和衰耗是否满足要求，是否与图纸一致。

（三）抗干扰接地措施检查

抗干扰接地措施检查项目包括 6 个方面：

（1）主控室、保护室柜屏下层的电缆室，按屏柜布置的方向敷设 100mm² 的专用铜排（缆），将专用铜排（缆）首末端连接，形成保护室内的等电位接地网；保护室内的等电位接地网必须用至少 4 根以上、截面积不小于 50mm² 的铜排（缆）与厂站的主接地网可靠连接。

（2）主控室、保护室、敷设二次电缆的沟道，断路器场的就地端子箱及保护用的结合滤波器等使用截面积不小于 100mm² 的裸铜排（缆）敷设与主接地网紧密连接成等电位接地网。

（3）分散布置的保护就地站、通信室与集控站之间，应使用截面积不小于 100mm² 的、紧密与厂站主接地网相连接的铜排（缆）将保护就地站与集控站的等电位接地网可靠连接。

（4）保护屏内必须有截面积不小于 $100mm^2$ 接地铜排，所有要求接地的接地点应与接地铜排可靠连接，并用截面积不小于 $50mm^2$ 多股铜线和二次等电位接地网直接连通。

（5）变压器安装在户外的，气体继电器必须安装防雨罩，必须安装牢固且保证罩住电缆穿线孔。

（6）对于装置间不经附加判据直接跳闸的回路（包括非电量），当二次电缆超过一定长度（推荐值 300m）时宜采用大功率继电器。

（四）智能控制柜检查

智能控制柜检查包括 4 个方面内容：

（1）智能控制柜应装有截面积为 $100mm^2$ 的铜接地铜排（缆），并与柜体绝缘；接地铜排（缆）末端应装好可靠的压接式端子，以备接到变电站的接地网上；柜体应循环通风良好。

（2）控制柜内设备的安排及端子排的布置，应保证各套保护的独立性，在一套保护检修时不影响其他任何一套保护系统的正常运行。

（3）控制柜应具备温度、湿度的采集、调节功能，并可通过智能终端 GOOSE 接口上送温度、湿度信息。

（4）控制柜应能满足 GB/T 18663.3 的要求。

（五）直流电源检查

（1）检查保护室直流电源配置，具体包括 2 个方面内容：

1）应设置直流分屏，分屏上两组控制、保护电源分别从直流屏上两段直流母线上接取。

2）当任一组蓄电池有异常时，保护和控制直流小母线均应能够实现合环运行。

（2）检查直流空气断路器（熔断器）的配置，具体包括 8 个方面：

1）继电保护装置的直流电源和断路器控制回路的直流电源，应分别由专用的直流空气断路器（熔断器）供电。

2）信号回路由专用直流空气断路器（熔断器）供电，不得与其他回路混用。

3）当有断路器两组跳闸线圈时，其每一跳闸回路应分别由专用的直流空气断路器（熔断器）供电，且应接于不同段的直流小母线。

4）任一直流空气断路器（熔断器）断开造成控制、保护和信号直流电源失电时，都必须有直流断电或装置异常告警。

5）直流空气断路器（熔断器）配置必须满足选择性要求，空气开关下级不应使用熔断器。

6）用 1000V 绝缘电阻表摇测直流正、负极对地绝缘电阻应大于 1MΩ。

7）双重化配置的每套保护从保护电源到保护装置再到出口必须采用同一段直流电源。

8）保护装置交流电压空气开关要求采用 B02 型，控制电源、保护装置电源空气开关要求采用 B 型并按相应要求配置级差。

（3）检查装置直流电源，包括 5 个方面：

1）80%额定工作电源下装置应能稳定工作。

2）直流慢升自启动检查时装置应正常启动，无异常。

3）装置断电恢复过程中无异常，通电后工作稳定正常。

4）在电源中断、电压异常、采集单元异常、通信中断、装置内部异常等情况下有报警信息且无误输出。

5）直流电源空气开关命名正确、对应关系正确。

三、二次回路验收

继电保护二次回路验收是继电保护工作的重点，电力运行的可靠性与回路接线是否正确息息相关。

（一）常规电压回路检查

常规电压回路检查包括9个方面内容：

（1）电压回路接线正确，引线螺钉压接应可靠。

（2）双重化保护电压回路应引自不同的二次绕组。

（3）有电气联系的电压互感器的二次回路必须分别有且只能有一点接地。

（4）电压二次回路接地点应选在保护室比较合理的屏柜上（如母线设备屏柜等），并且有明显的标识。

（5）110kV电压由合并单元送出数字信号，可取消TV二次侧接地保护器，两段TV二次侧分别就地接地，接入合并单元的接地点分开；10kV和35kV各在Ⅰ段TV柜内单点接地，Ⅰ段TV二次侧取消接地保护器，其余各段TV二次侧仍然保留接地保护器。

（6）来自电压互感器二次的开关场引入线和三次回路使用电缆必须分开，不得公用。

（7）逐一解开交流电压回路接地点，检查回路对地的绝缘电阻应大于1MΩ。

（8）电压二次并列回路正确可靠，并列切换继电器动作可靠。

（9）用隔离开关辅助触点控制的电压切换继电器，应有电压切换继电器触点作监视用。

（二）常规电流回路检查

常规电流回路检查包括9个方面内容：

（1）电流互感器的二次回路接地遵循有且只能有一点接地的原则，电流互感器的二次回路后段采用合并单元的，可在电流互感器二次侧就地接地。

（2）变压器低压侧采用室内开关柜的，变压器差动至少有一套保护的电流回路采用开关柜内TA的二次绕组。

（3）解开保护装置交流电流回路接地点，检查回路对地绝缘电阻应满足大于1MΩ。

（4）核对TA接线示意图中内容与实际接线一致，各间隔的TA变比应与（调试）整定单一致。

（5）电流互感器装小瓷套的一次端子（L1侧）应放在母线侧。

（6）电流互感器的二次绕组分配，应特别注意避免出现电流互感器内部故障时的保护死区。

（7）电流试验端子应采用螺孔旋入型，并在屏上标明 TA 侧和保护侧，电流试验端子的接地点应可靠接地。

（8）测量并记录保护交流电流回路的二次回路负载阻抗。

（9）验收组应安排人员见证一次通流试验。

（三）跳合闸二次回路检查

跳合闸二次回路检查包括 17 个方面内容：

（1）跳合闸回路绝缘检查应符合技术要求。

（2）智能操作箱传动试验正确。

（3）断路器就地分/合闸传动（对分相操作断路器，应逐相传动）正确。

（4）断路器操作闭锁回路功能检查正确。

（5）断路器远方/就地方式功能检查正确。

（6）检查出口压板与相应回路的对应关系正确，无寄生回路。

（7）分相跳闸回路应按相别检查出口与分相断路器的对应关系，断路器位置应在现场检查，动作正确。

（8）双重化配置的保护，应检查保护与跳闸线圈的对应关系正确，无寄生回路。

（9）检查传动线路保护的启动开关重合回路、闭锁重合回路、远跳收信回路等联闭锁回路，并验证回路上所有压板的正确性。检验智能操作箱出口继电器动作电压范围，其值应为（55%～70%）额定电压。

（10）其他逻辑回路的继电器，应满足 80%额定电压下可靠动作。

（11）在额定直流电压下进行试验，校核跳合闸回路的动作电流满足要求。

（12）气体压力、液压、弹簧未储能、三相不一致、电机运转、就地操作电源消失等断路器本体硬接点信号检查，应正确无误。

（13）跳合闸回路传动检查应在 80%额定直流电压下进行试验，要求开关动作正确，信号指示正常。

（14）检查 GOOSE 出口压板、智能终端出口压板与相应回路的对应关系正确，无寄生回路。

（15）重合闸的动作方式应满足整定单要求，不发生多次重合。

（16）变压器主保护及各侧后备保护跳闸逻辑应满足技术规程和整定单要求。

（17）220（110）kV 母差保护应将所有出线及变压器间隔都对应切换到同一母线，正副母线各模拟母差动作一次，检查出口选排功能正确、信号指示正常。

四、过程层设备验收

（一）合并单元检查

（1）合并单元检查首先是型号、配置、功能检查，具体包括 5 个方面内容：

1）型号与设计应一致，提供足够的输入与输出接口，输入与输出接口标识清楚。

2）铭牌内容正确且安装完好。

3）极性标识正确，与实际一致。

4）合并单元发送 SV 报文检修品质应能正确反映合并单元装置检修压板的投退。

5）应有完善的闭锁告警功能，应能保证在电源中断（关闭电源）、电压异常、采集单元异常、通信中断、通信异常、装置内部异常等情况下不误输出。

（2）装置采样检查，具体包括 8 个方面内容：

1）合并单元零漂误差应在装置技术参数允许范围内。

2）合并单元输入额定交流模拟量时，合并单元输出数值的精度、线性度、相角差满足技术要求。

3）合并单元输入交流模拟量时，合并单元传输延时应稳定且准确。

4）合并单元双 A/D 采样值检查。

5）交流量输入对应关系检查，在合并单元输入端加入三相不平衡交流电流（电压），检查对应装置显示正确；后台操作 SV 软压板，确定 SV 软压板命名正确；断开 SV 尾纤，检查 SV 断链告警正确。

6）采样报文通道延时测试，包括 MU 级联条件下的测试应在允许范围内。

7）合并单元在外部时钟丢失 10min 之内守时误差小于 4μs。

8）装置电源功能重启合并单元电源中断与恢复过程中，采样值不误输出。

（3）电压并列及切换检查，具体包括 5 个方面内容：

1）合并单元的电压并列逻辑应与说明书一致，并列功能正确。

2）合并单元的电压切换逻辑应与说明书一致，自动切换功能正确。

3）电压切换及并列后，相关保护测量正确，无异常现象。

4）采样值同步性能检验。

5）装置告警功能检验、开关量异常告警功能检验、采样数据无效告警功能检验、采集器至合并单元光路故障告警功能检验、合并单元电路故障告警功能检验。

（二）智能终端检查

（1）型号、配置、功能检查，具体包括 5 个方面内容：

1）型号与设计一致、提供足够的输入与输出接口，输入与输出接口标识清楚。

2）铭牌内容正确且安装完好。

3）两套智能终端失电告警、重合闸联闭锁回路正确。

4）检修功能检验：智能终端投入检修后，只执行带检修位的接收 GOOSE 命令；智能终端投入检修后，发送的所有 GOOSE 报文检修位置置“1”。

5）装置发送端和接收端功率满足规范要求。

（2）智能终端开关量试验，具体包括 2 个方面内容：

1）开入量检验，GOOSE 开入量动作正确。

2）开出量检查，包括断路器/母联开关遥控分合、可控隔离开关遥控分合、GOOSE

开出量动作正确。

（3）智能终端GOOSE通信试验，具体包括4个方面内容：

1）GOOSE中断告警功能检查：GOOSE链路中断应点亮面板告警指示灯，同时发GOOSE断链告警报文。

2）GOOSE配置文本检查：GOOSE控制块路径、生存时间、数据集路径、配置版本号等配置正确。

3）智能终端动作时间检验：智能终端从收到GOOSE命令至出口继电器触点动作时间应不大于7ms。

4）GOOSE控制命令记录功能检查，应记录收到GOOSE命令时刻、GOOSE命令来源及出口动作时刻等内容。

（4）与其他层设备的互联检验，具体包括4个方面内容：

1）与间隔层设备的互联通信正常，通信无丢帧现象。

2）传动试验正确。

3）断路器就地分/合闸传动（对分相操作断路器，应逐相传动），动作正确。

4）变压器压器本体智能终端宜集成非电量保护功能，由于多数非电量信号会直接启动跳闸（通过电缆直跳或GOOSE跳闸方式），故要求非电量信号除了采用强电采集外，还应经过大功率继电器启动，其动作功率不宜小于5W，以保证信号的准确性。

五、间隔层设备验收

（一）参数及功能检查

（1）参数及功能检查首先是型号及逻辑功能检查，具体包括6个方面：

1）装置铭牌数据与设计方案应一致。

2）装置型号正确，装置外观良好。

3）核对装置版本号，版本号与整定单应一致。

4）检查装置是否已接入同步时钟信号，并对时正确。

5）同类型、同版本装置中随机抽取一套，根据各装置校验规程进行全部校验并形成首次校验报告。母线差动等全站重要公用设备及具有可编程逻辑的保护装置，则应逐套校验。

6）装置单机调试，保护功能及定值校验试验。

（2）开入量检查，具体为3个方面内容：

1）采用后台投退软压板的方法检查功能压板的正确性，投退检修压板并检查报文检修位变位情况。

2）验收时宜采用模拟实际动作情况来检查保护装置各开入量的正确性。

3）部分不能模拟实际动作情况的开入接点可用在最远处短接动作接点方式进行。

（3）SV采样试验，具体包括2个方面内容：

1）SV投入压板有流判据。

2）采样异常闭锁测试：包括双 A/D 采样值不一致保护闭锁测试、采样值丢帧保护闭锁测试、采样值发送间隔误差过大闭锁测试、采样不同步或采样延时补偿失效闭锁相关保护测试。

（4）GOOSE 检查，具体包括 3 个方面内容：

1）GOOSE 配置文本检查，GOOSE 控制块路径、生存时间、数据集路径、应用标识、配置版本号配置应正确。

2）GOOSE 开入量、开出量动作正确。

3）GOOSE 断链、不一致条件下，装置应给出对应告警报文，同时上送站控层告警报文，相关保护正确闭锁。

（5）与其他层设备的互联检验，具体包括 3 个方面内容：

1）与其他层设备的互联通信正常，通信无丢帧现象。

2）装置接收/发送的光功率满足技术要求。

3）整组传动及系统联调试验应能正确。

（6）与其他层设备的互联检验，具体包括 3 个方面内容：

1）保护间隔的检修状态设置功能检查，检修状态可通过软压板实现。

2）检修时屏蔽设备数据上送站控层设备。

3）采样检修状态测试：采样与装置检修状态一致条件下，采样值参与保护逻辑计算；检修状态不一致时，采样值能显示，不参与保护逻辑计算。

（二）保护装置检查

（1）变压器保护装置检查首先是变压器保护装置检查，具体包括 5 个方面内容：

1）变压器保护装置光纤收发端口检查，GOOSE 直跳口及组网口满足设计要求。

2）验证各侧 SV 异常保护装置功能。

3）非电量回路经保护装置跳闸的（包括经保护逻辑出口的），有关接点均应经过动作功率大于 5W 的出口重动继电器，并应检查该继电器的动作电压、动作功率并抽查动作时间符合反措要求。

4）变压器动作启失灵功能，保护与 220kV 母差保护配合功能应符合相关技术规范要求。

5）变压器过负荷闭锁调压功能检查。

（2）母线保护装置检查，具体包括 10 个方面内容：

1）各间隔单元参数配置应与实际一次设备相对应，变比与整定单一致。

2）双母线隔离开关（开入）回路应与隔离开关实际状态对应（有条件时应实际操作隔离开关进行试验，否则应在隔离开关辅助接点处用短接或断开隔离开关辅助接点的方法进行试验）。

3）每个支路提供 GOOSE 接收和发送软压板，用来控制每个支路的 GOOSE 开入开出。检查 GOOSE 链路异常，不闭锁母差保护。

4）母差光纤收发端口检查，GOOSE 直跳口及组网口满足设计要求。

5）双母接线任意一个间隔正、副母隔离开关同时投入或投互联软压板，验证保护装置互联功能。

6）验证支路SV异常保护装置功能，包括母联支路SV异常。

7）检查母差保护每个支路提供GOOSE接收和发送软压板，用来控制每个支路的GOOSE开入开出。

8）验证某条支路有电流而无隔离开关位置时，装置能够记忆原来的隔离开关位置，并根据当前系统的电流分布情况校验该支路隔离开关位置的正确性，此时不响应隔离开关位置确认按钮。

9）检查线路保护动作启动母差断路器失灵跳闸GOOSE链路，母差动作启动远跳、变压器高压侧断路器失灵GOOSE链路，双母接线低电压和负序电压闭锁母差、变压器失灵解除复压闭锁等联闭锁GOOSE链路要求满足技术规范及反措要求。

10）220kV母差保护现场验收报告中含220kV（110kV）母联、分段保护装置及回路校验内容，220kV（110kV）母联、分段保护不再单独另列现场验收报告。

（3）线路保护装置检查，具体包括4个方面内容：

1）线路保护启动远跳、断路器失灵保护满足相关技术规范要求。

2）保护通道检验与联调正确。

3）通过线路分相电流差动保护远方跳闸回路传输远方跳闸信号在发送端所经延时满足相关技术规范要求。线路保护与对侧联调，本侧线路保护动作，对侧应正确反应。

4）检查线路重合闸及闭锁重合闸功能是否满足相关技术规范要求。

（4）安全自动装置检查具体包括3个方面内容：

1）装置开关量输入应与现场实际状态一致。

2）外部闭锁开入动作，装置应能可靠闭锁；内部闭锁逻辑动作，应能可靠闭锁装置。

3）要求快速跳闸的安全稳定控制装置应采用点对点直接跳闸方式。

（5）故障录波器检查具体包括6个方面内容：

1）通道配置名称应正确。

2）SV数据采集检查：采样值通信配置、虚端子连接应与SCD文件一致，应记录一路模拟量的两个A/D采样数据报文。

3）故障录波装置功能测试：检查能否从后台调阅故障录波文件以及录波分析和打印等功能是否正常。

4）重要告警信号检查：包括装置异常告警、装置失电告警以及故障录波装置启动信号等的检查。

5）与继电保护信息子站通信检查。

6）装置对时功能检查。

验收完成后对最终的SCD、保护配置文件进行备份。复验完成后，由建设单位、验收单位、厂家技术人员，对全站SCD文件进行备份。配置文件从保护装置中读取进行备份，备份文件按间隔建目录存放；应形成备份文件清单，清单应包括间隔名、保护名称、备份文件目录及名称、文件修改日期。

现场验收按照间隔编写验收记录，每项验收工作结束，验收人员应根据验收情况填写验收记录。验收记录应有验收人员签名。全部验收工作结束后，验收小组应填写验收报告。复验完成后，建设单位应向检修单位移交电子版调试报告，并报调度部门备案。验收记录及验收报告应在运行、检修部门存档，检修单位继电保护管理部门应将 TA、TV 试验报告作为继电保护管理必备资料存档。

第五章

典型继电保护“运检合一”案例分析

[案例一]××公司实施“运检合一”后××变电站2P55控制回路断线检查

××变电站2P55、2P56线复役操作过程中，发生控制回路断线故障，运检人员快速定位故障点，并直接通知专业检修人员带备件到现场，减少中间重复检查环节，将消缺时间缩短一半。

19时03分，××变电站2P55、2P56线路定相测参数工作结束。

19时46分，省调正令开始2P55、2P56线开关线路检查改冷备用操作。

20时43分，改冷备用操作完成，此时两间隔控制电源开关已合上，检查监控后台信号正常后汇报省调操作结束。

21时30分，2P56线冷备用改热备用操作结束。

21时35分，监控中心电话告知，21时24分OPEN3000报出2P55开关控制回路断线。

现场暂停操作，运检人员检查厂站后台确认2P55开关控制回路断线光字亮，保护室保护及测控装置无异常指示灯亮，测量回路发现B相控制回路不通，现场开关机构箱检查发现B相合闸总闭锁继电器K12LB未励磁，K12LA、K12LC正常励磁，触摸K12LB温度升高明显，遂判定该继电器烧毁损坏。K12LB未励磁及正常励磁状态如图5-1所示。

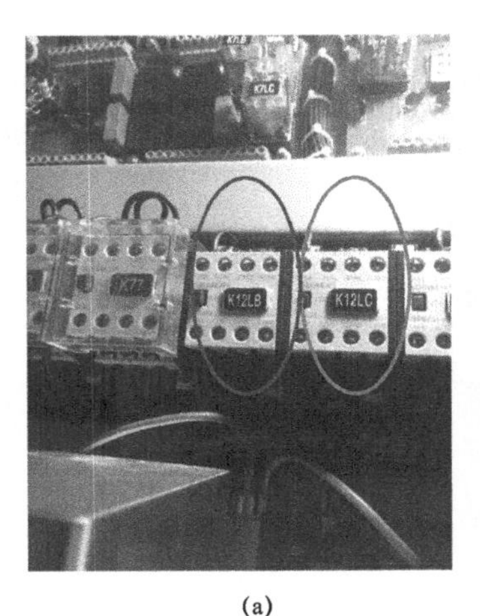

(a)

(b)

图5-1　K12LB未励磁及正常励磁状态

(a)更换前K12LB未励磁状态；(b)更换后K12LB正常励磁状态

运检人员马上联系工区紧急准备备品，19 日 0 时 10 分，备品到位。拆除原继电器后，可见明显烧毁痕迹，00 时 30 分更换新继电器完毕，检查继电器动作及二次设备均恢复正常，倒闸操作继续。继电器 K12LB 烧毁及正常状态对比如图 5－2 所示。

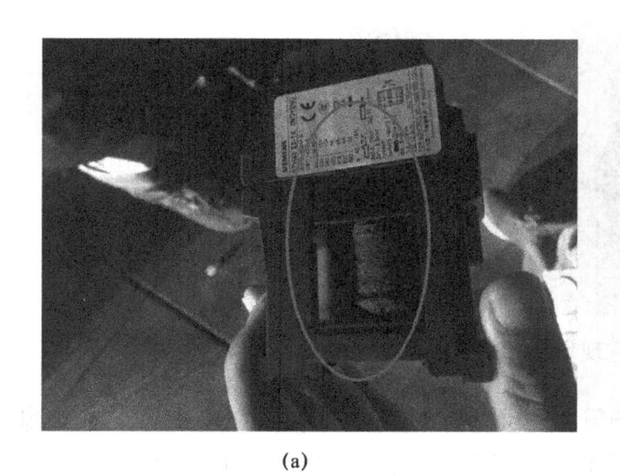

(a)

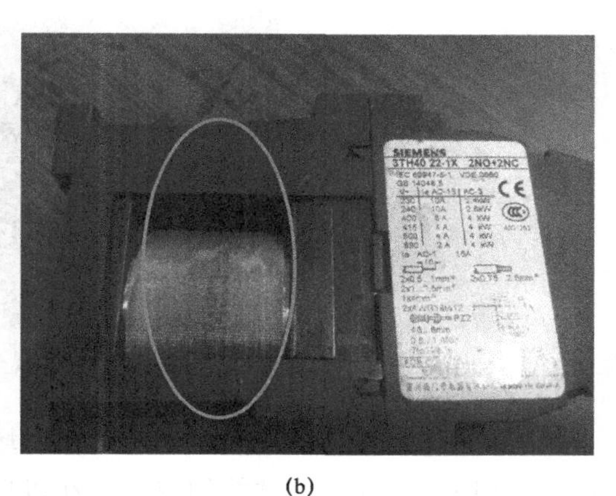

(b)

图 5－2　继电器 K12LB 烧毁及正常状态对比

（a）更换前 K12LB 烧毁状态；（b）更换后 K12LB 正常状态

19 日 01 时 03 分，2P55、2P56 线冷备用改热备用操作结束。

01 时 20 分，2P55、2P56 开关合闸正常。

01 时 23 分，省调正令××变电站正母分段、副母分段开关解环，第一、二套负荷转供装置信号改为跳闸操作，01 时 45 分操作结束，情况正常。全部操作结束后，检查相应的线路保护、母差保护及负荷转供装置运行方式均已恢复正常。

[案例二] ××公司“运检合一”后运检人员践行新型设备主人

××公司实施“运检合一”后，运检人员承担 35kV 2 号电容器停复役操作、工作票许可、消缺处理工作，工作闭环在班组实现，实现职责有效互换，提高生产资源调配效率。人员车辆安排由原来的“运维”+“检修”两车三人变为“运检”一车两人。

5 月 13 日，运检班开展了××变电站 35kV 2 号电容器 A 相刀口及电容器本体与串联电抗器连接铝排发热处理消缺工作。

运检人员按照工作计划首先进行 35kV 2 号电容器停役操作，将 2 号电容器开关小车拉出柜外后，发现小车上一颗螺钉掉落在开关柜内，操作人员高度重视，并立即将此情况上报。后与工作票签发人沟通，结合电容器隔离开关发热消缺工作，在工作票中增加此颗螺钉排查处理内容。

在将 35kV 2 号电容器改为开关及电容器检修后，两名操作人员立刻转变身份，一人转变为工作负责人，另一人转变为工作许可人，进行工作许可手续。交接与许可完毕后，工作负责人再带领两名运检人员进行消缺工作。现场工作如图 5－3 所示。

图 5-3　现场工作

工作许可人始终在现场，在对工作现场管控和关键点见证的同时，学习设备的结构及消缺技巧，加强检修技能的提升，在以后工作中能做到的身份随时转换，为实现××公司变电运检"安全、优质、高效"的运检管理模式贡献力量。